1-4

개념과 유형으로 익히는 **매스티안**

사고력 연산

EGG 에그

덧셈과 뺄셈 1

개념과 유형으로 익히는 **매스티안**

사고력 연산
EGG 에그

덧셈과 뺄셈 1

이 책에서는 앞서 학습했던 19까지의 수의 범위에서의 덧셈, 뺄셈과 100까지의 수를 기초로 하여 두 자리 수의 덧셈과 뺄셈을 학습합니다. 덧셈과 뺄셈이 이루어지는 다양한 실생활 상황을 통하여 덧셈과 뺄셈의 의미를 알고, 받아올림이 없는 두 자리 수의 덧셈과 받아내림이 없는 두 자리 수의 뺄셈의 계산 원리를 이해하여 문제를 해결할 수 있습니다. 또한 자릿값의 원리에 기초한 세로 형식의 계산 방법을 익혀 연산 능력을 기르고, 덧셈과 뺄셈 상황을 파악하고 이를 해결하기 위한 다양한 전략을 세워 보면서 문제 해결 능력을 기를 수 있습니다. 이러한 과정은 이후 학습하게 될 더 큰 수의 덧셈과 뺄셈의 기초가 됩니다.

EGG의 학습법

1 먼저 상자 안의 설명을 잘 읽고, 수학적 개념과 계산 방법을 익혀요!

2 문제를 살펴보고 설명대로 천천히 풀다 보면 문제의 해결 방법을 알 수 있어요.

문제를 풀다 보면 종종 우리를 발견할 수 있어!

우리는 너희가 개념을 이해하고 문제를 푸는 데 도움이 되는 설명이나 풀이 방법을 보여 줄 거야.

3 여우와 당나귀가 보여 주는 설명이나 예시를 통해 계산 방법에 대한 중요한 정보도 얻을 수 있어요.

4 문제를 풀고 난 다음에는 잘 해결했는지 스스로 다시 한 번 꼼꼼하게 확인해요.

5 자, 이제 한 뼘 더 자란 수학 실력으로 다음 문제에 도전해 보세요!

문제를 하나씩 해결해 가는 과정을 천천히 즐겨 보세요! 여러분은 분명 수학을 좋아하게 될 거예요.

EGG의 구성

이 책의 내용 1-4

받아올림이 없는 (몇십몇)+(몇)의 이해

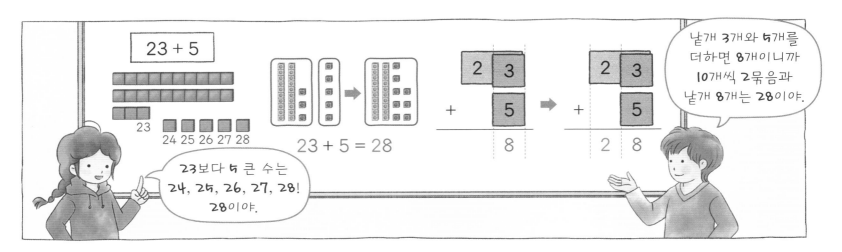

1 그림을 보고 덧셈을 해 보세요.

1)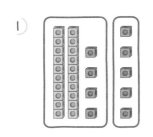

24 + 5 = ____

2)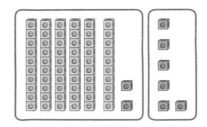

62 + 6 = ____

3)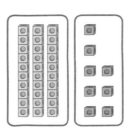

30 + 8 = ____

4)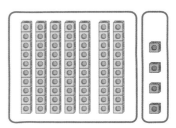

70 + 4 = ____

2 그림을 보고 빈칸에 알맞은 수를 써 보세요.

1)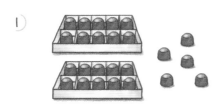

20 + ____ = ____

2)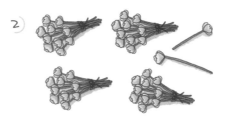

40 + ____ = ____

3)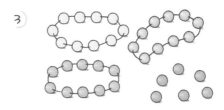

30 + ____ = ____

3 알맞게 색칠하여 덧셈을 해 보세요.

1)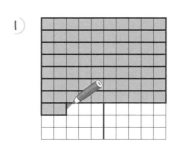

72 + 3 = ____

2)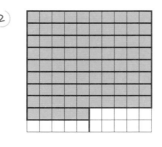

85 + 4 = ____

3)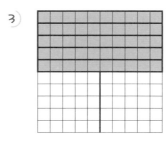

50 + 8 = ____

4)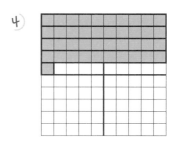

41 + 6 = ____

4 이어 세어 덧셈을 해 보세요.

1) 36 + 2 = _____

2) 51 + 5 = _____

3) 80 + 3 = _____

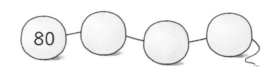

5 덧셈식에 맞게 동전을 그려 넣어 계산해 보세요.

41 + 2 = _____

50 + 5 = _____

32 + 4 = _____

23 + 3 = _____

6 덧셈식에 맞게 ○를 그려서 계산해 보세요.

1)
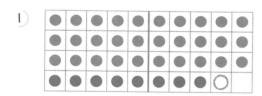

	3	8
+		1

2)
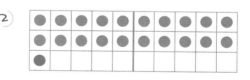

	2	1
+		3

3)
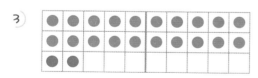

	2	2
+		4

4)
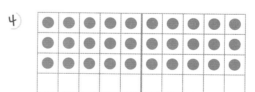

	3	0
+		7

7
1)

	4	2
+		7

2)

		3
+	2	1

3)

	3	0
+		6

4)

	9	2
+		5

5)

		8
+	5	0

6)

		5
+	1	2

7)

	5	6
+		3

8)

		4
+	7	3

9)

		8
+	2	0

10)

	6	0
+		2

받아올림이 없는 (몇십몇)+(몇)

1 모두 몇 개인지 덧셈식으로 나타내어 보세요.

1)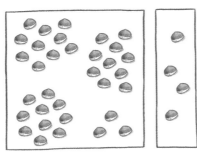

33 + **4** = _____

2)

_____ + ___ = _____

3)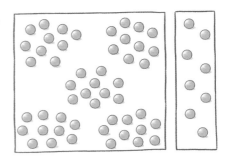

_____ + ___ = _____

2
1)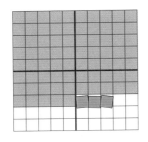

75 + **3** = _____

2)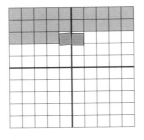

_____ + ___ = _____

3)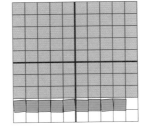

_____ + ___ = _____

4)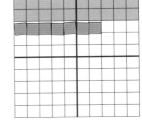

_____ + ___ = _____

3 더하는 수만큼 표시하여 덧셈을 해 보세요.

1) 32 + 4 = _____

2) 71 + 6 = _____

3) 60 + 7 = _____

4
1)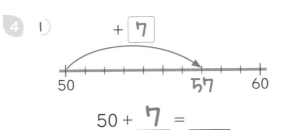

50 + **7** = _____

2)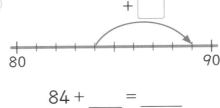

84 + ___ = _____

3)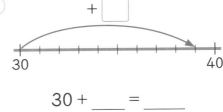

30 + ___ = _____

5 알맞게 표시하여 덧셈을 해 보세요.

1) 26 + 3 = _____

2) 93 + 4 = _____

3) 40 + 8 = _____

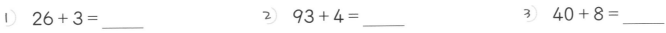

받아올림이 없는 (몇십몇)+(몇)

6 ①  ②  ③  ④

21 + 8 = ____   31 + ____ = ____   ____ + 3 = ____   ____ + ____ = ____

7 덧셈식에 맞게 그림을 그려서 계산해 보세요.

① 41 + 3 = ____   ② 54 + 2 = ____   ③ 22 + 5 = ____   ④ 60 + 4 = ____

8 덧셈식을 바르게 나타낸 것을 찾아 ☑표 하고 계산해 보세요.

① 32 + 4 ☐
```
  3 2
+   4
-----
```
☐
```
  3 2
+ 4
-----
```

② 6 + 23 ☐
```
  6
+ 2 3
-----
```
☐
```
    6
+ 2 3
-----
```

③ 5 + 43 ☐
```
  5
+ 4 3
-----
```
☐
```
    5
+ 4 3
-----
```

④ 74 + 3 ☐
```
  7 4
+   3
-----
```
☐
```
  7 4
+ 3
-----
```

9 두 수의 합을 세로로 계산하여 구해 보세요.

①
```
  2 4
+   5
-----
```

②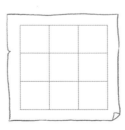

③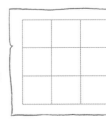

받아올림이 없는 (몇십몇)+(몇)

1 1)   2)   3)   4)

$10 + 7 = \_\_\_$　　$\_\_\_ + \_\_\_ = \_\_\_$　　$\_\_\_ + \_\_\_ = \_\_\_$　　$\_\_\_ + \_\_\_ = \_\_\_$

5) 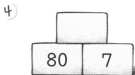 6) 7) 8)

$83 = 80 + \_\_\_$　　$59 = \_\_\_ + \_\_\_$　　$\_\_\_ = \_\_\_ + \_\_\_$　　$\_\_\_ = \_\_\_ + \_\_\_$

2 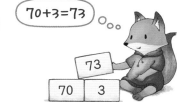 70+3=73

1) 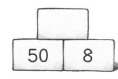 50 | 8

2) 90 | 1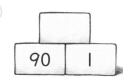

3) 60 | 6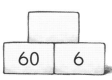

4) 80 | 7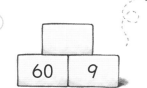

5) 60 | 9

6) 70 | 4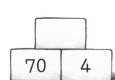

7) 80 | 2

3 구슬을 한 번씩 사용하여 덧셈식을 만들어 보세요.

 4 1 2
0 9 3
8
5 6 7

$90 + \boxed{4} = 94$　　$70 + \bigcirc = \_\_\_$　　$40 + \bigcirc = \_\_\_$

$50 + \bigcirc = \_\_\_$　　$60 + \bigcirc = \_\_\_$　　$80 + \bigcirc = \_\_\_$

$30 + \bigcirc = \_\_\_$　　$10 + \bigcirc = \_\_\_$　　$20 + \bigcirc = \_\_\_$

┌─────────────────────────┐
│ 10개씩 묶음과 낱개의 합으로 나타내기 │
└─────────────────────────┘

4 1) $54 = 50 + \_\_\_$　　2) $68 = 60 + \_\_\_$　　3) $98 = \_\_\_ + \_\_\_$　　4) $85 = \_\_\_ + \_\_\_$

$67 = 60 + \_\_\_$　　$72 = 70 + \_\_\_$　　$60 = \_\_\_ + \_\_\_$　　$56 = \_\_\_ + \_\_\_$

$46 = 40 + \_\_\_$　　$93 = 90 + \_\_\_$　　$26 = \_\_\_ + \_\_\_$　　$79 = \_\_\_ + \_\_\_$

$81 = 80 + \_\_\_$　　$89 = 80 + \_\_\_$　　$51 = \_\_\_ + \_\_\_$　　$95 = \_\_\_ + \_\_\_$

5 같은 색끼리 선으로 잇고 두 수의 합을 구해 보세요.

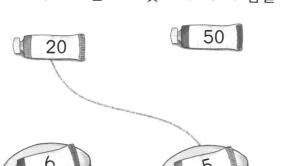

20   50   72   36   60

6   5   4   7   3

20+5

25

6

1)
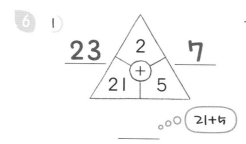
23 2 **7**
21 (+) 5

21+5

2)
30
2 (+) 4

3)
53
6 (+) 2

4)
7
2 (+) 40

7 잘못된 식을 모두 찾아 계산 결과를 바르게 고쳐 보세요.

1)
43 + 6 = 49
27 + 1 = 29 28
36 + 2 = 39
54 + 3 = 57

2)
63 + 5 = 67
31 + 2 = 33
23 + 4 = 28
46 + 2 = 48

3)
13 + 5 = 18
22 + 4 = 29
35 + 4 = 39
73 + 6 = 78

4)
62 + 5 = 76
75 + 3 = 78
53 + 6 = 59
81 + 5 = 87

5)
40 + 4 = 44
60 + 3 = 663 63
5 + 10 = 15
2 + 50 = 25

6)
10 + 6 = 61
20 + 7 = 27
5 + 30 = 35
3 + 80 = 380

7)
70 + 5 = 75
30 + 8 = 83
9 + 30 = 93
4 + 60 = 64

8)
8 + 40 = 84
40 + 5 = 405
8 + 70 = 78
50 + 6 = 56

8

1) 동화책 25권과 그림책 3권이 있어요.
책은 모두 몇 권일까요?

식 _____ 답 _____ 권

2) 운동장에 남학생 30명과 여학생 7명이 있어요.
운동장에 있는 학생은 모두 몇 명일까요?

식 _____ 답 _____ 명

받아올림이 없는 (몇십몇)+(몇)

1 계산 결과가 적힌 칸을 모두 색칠해 보세요.

$12 + 5 = \underline{17}$ $1 + 21 = \underline{}$ $63 + 4 = \underline{}$

$70 + 6 = \underline{}$ $60 + 3 = \underline{}$ $6 + 22 = \underline{}$

$44 + 4 = \underline{}$ $3 + 55 = \underline{}$ $1 + 43 = \underline{}$

$30 + 1 = \underline{}$ $20 + 5 = \underline{}$ $74 + 1 = \underline{}$

$5 + 41 = \underline{}$ $72 + 2 = \underline{}$ $3 + 21 = \underline{}$

$32 + 7 = \underline{}$ $2 + 24 = \underline{}$ $41 + 1 = \underline{}$

$1 + 51 = \underline{}$ $11 + 2 = \underline{}$

1	2	3	4	5	6	7	8	9	10
11	12	13	14	15	16	17	18	19	20
21	22	23	24	25	26	27	28	29	30
31	32	33	34	35	36	37	38	39	40
41	42	43	44	45	46	47	48	49	50
51	52	53	54	55	56	57	58	59	60
61	62	63	64	65	66	67	68	69	70
71	72	73	74	75	76	77	78	79	80
81	82	83	84	85	86	87	88	89	90
91	92	93	94	95	96	97	98	99	100

2 알맞은 색으로 칠해 보세요.

 78   69   46   57   85

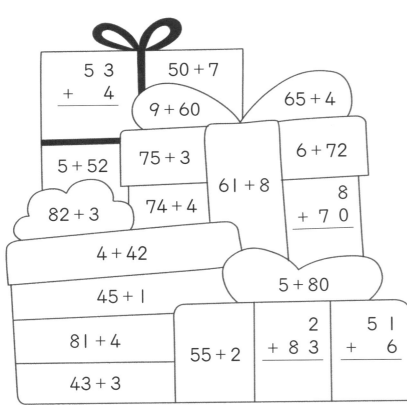

3
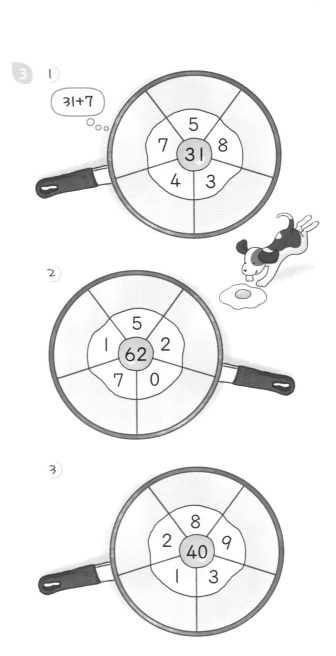

1) 31+7

2)

3)

받아올림이 없는 (몇십몇)+(몇)

④ 1)

+	24
2	
3	
4	
5	

2)

+	3
76	
75	
74	
73	

3)

+	82	83	84	85
4				

4)

+	6	2	7	4
61				

⑤ 합이 같은 것끼리 이어 보세요.

| 93 + 6 |
| 65 + 3 |
| 4 + 43 |
| 40 + 6 |
| 94 + 1 |

| 45 + 2 |
| 4 + 95 |
| 92 + 3 |
| 4 + 64 |
| 2 + 44 |

⑥ 무엇을 그렸을까요? 계산 결과에 맞게 차례대로 글자를 써 보세요.

1) 34 + 3 = _____ ☐

2) 82 + 7 = _____ ☐

3) 23 + 6 = _____ ☐

4) 73 + 3 = _____ ☐

5) 57 + 1 = _____ ☐

6) 65 + 4 = _____ ☐

 와 29
 쥐 69
 무 89

 람 58
 나
 지 67
 개 96
 다 76
나 37

친구가 그린 그림은

| ☐ | ☐ | ☐ | ☐ | ☐ | ☐ |

예요.

⑦ 은지가 접은 종이비행기는 몇 개일까요? 덧셈식을 써서 구해 보세요.

내가 접은 종이비행기 중에서 12개를 친구들에게 나누어 주고 남은 4개를 모두 날려 보냈어.

은지   식 _____   답 ____개

받아올림이 없는 (몇십몇)+(몇)

1 같은 색에 적힌 수의 합을 구해 보세요.

1) 76+3

2)

2 그림을 보고 빈칸에 알맞은 수를 써넣으세요.

23 + **4** = ____   ____ + ____ = ____   ____ + ____ = ____

____ + ____ = ____   ____ + ____ = ____   ____ + ____ = ____

3 숫자 카드를 한 번씩 사용하여 옳은 식을 완성하고, 만들 수 없는 친구에 ⊠표 하세요.

내가 고른 카드는 **3**, **5**, **4** 야.
☐☐ + ☐ = 57

내 카드는 **6**, **2**, **3** 이야.
☐☐ + ☐ = 29

내 카드는 **5**, **3**, **2** 야.
☐☐ + ☐ = 38

내 카드는 **4**, **2**, **5** 야.
☐☐ + ☐ = 49

내가 고른 카드는 **6**, **1**, **4** 야.
☐☐ + ☐ = 65

받아올림이 없는 (몇십몇)+(몇)

4 ⬜ 안의 숫자를 한 번씩 사용하여 합이 🎈 안의 수가 되는 식을 2개씩 만들어 보세요.

1)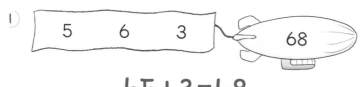

| 5 | 6 | 3 | → 68 |

$$65+3=68$$
$$63+5=\underline{\hspace{3cm}}$$

2)

| 1 | 6 | 4 | → 47 |

3)

| 5 | 3 | 6 | → 59 |

4)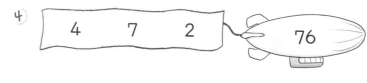

| 4 | 7 | 2 | → 76 |

5 알맞게 색칠하여 덧셈을 해 보세요.

1)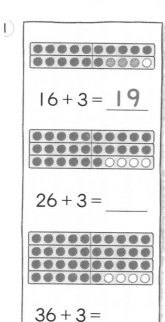

$16+3=\underline{19}$

$26+3=\underline{\hspace{1.5cm}}$

$36+3=\underline{\hspace{1.5cm}}$

$46+3=\underline{\hspace{1.5cm}}$

$56+3=\underline{\hspace{1.5cm}}$

$66+3=\underline{\hspace{1.5cm}}$

$76+3=\underline{\hspace{1.5cm}}$

2)

$22+7=\underline{\hspace{1.5cm}}$

$22+6=\underline{\hspace{1.5cm}}$

$22+5=\underline{\hspace{1.5cm}}$

$22+4=\underline{\hspace{1.5cm}}$

$22+3=\underline{\hspace{1.5cm}}$

$22+2=\underline{\hspace{1.5cm}}$

$22+1=\underline{\hspace{1.5cm}}$

6 규칙을 찾아 빈칸에 알맞은 수를 써넣으세요.

$81+4=\underline{\hspace{1.5cm}}$ $7+32=\underline{\hspace{1.5cm}}$

$71+4=\underline{\hspace{1.5cm}}$ $6+42=\underline{\hspace{1.5cm}}$

$61+4=\underline{\hspace{1.5cm}}$ $5+52=\underline{\hspace{1.5cm}}$

$51+\underline{\hspace{1cm}}=\underline{\hspace{1.5cm}}$ $4+\underline{\hspace{1cm}}=\underline{\hspace{1.5cm}}$

$\underline{\hspace{1cm}}+\underline{\hspace{1cm}}=\underline{\hspace{1.5cm}}$ $\underline{\hspace{1cm}}+\underline{\hspace{1cm}}=\underline{\hspace{1.5cm}}$

7

두 수의 합이 ⌂ 안의 수가 되도록 빈칸에 알맞은 수를 써넣어 봐.

36	
31	5
32	4
33	
34	

58	
54	
53	
52	
51	

계산 결과 비교하기

1 ◯ 안에 >, =, <를 알맞게 써넣으세요.

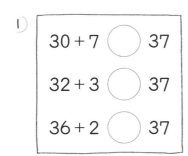
1) 30 + 7 ◯ 37
32 + 3 ◯ 37
36 + 2 ◯ 37

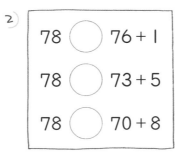
2) 78 ◯ 76 + 1
78 ◯ 73 + 5
78 ◯ 70 + 8

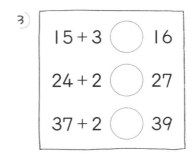
3) 15 + 3 ◯ 16
24 + 2 ◯ 27
37 + 2 ◯ 39

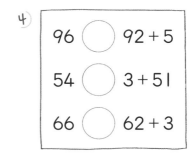
4) 96 ◯ 92 + 5
54 ◯ 3 + 51
66 ◯ 62 + 3

2  >, =, <를 알맞게 써넣어 봐.

1) 43 + 4 ◯ 46 + 1   2) 3 + 82 ◯ 81 + 3   3) 6 + 71 ◯ 75 + 3

4) 3 + 74 ◯ 75 + 4   5) 54 + 5 ◯ 3 + 52   6) 2 + 33 ◯ 5 + 30

3 합이 작은 것부터 차례대로 선으로 이어 보세요.

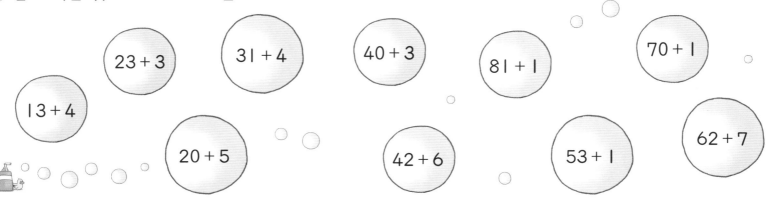

23 + 3   31 + 4   40 + 3   81 + 1   70 + 1
13 + 4   20 + 5   42 + 6   53 + 1   62 + 7

4 계산 결과가 더 큰 쪽을 따라가 보세요.

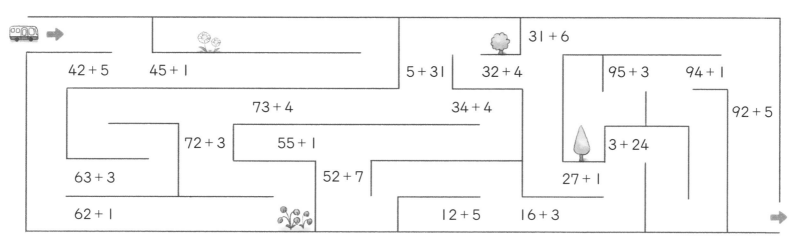

42 + 5   45 + 1   31 + 6
5 + 31   32 + 4   95 + 3   94 + 1
73 + 4   34 + 4   92 + 5
72 + 3   55 + 1   3 + 24
63 + 3   52 + 7   27 + 1
62 + 1   12 + 5   16 + 3

24 + □ < 27

24 + 0 < 27
24 + 1 < 27
24 + 2 < 27
24 + 3 = 27

1 □ 안에 들어갈 수 있는 수를 모두 찾아 ◯표 하세요.

1) 42 + □ < 46 → 0 1 2 3 4 5 6 7 8 9

2) 75 + □ < 78 → 0 1 2 3 4 5 6 7 8 9

2 0부터 9까지의 수 중에서 빈칸에 알맞은 수를 써넣으세요.

답은 여러 가지가 될 수 있어.

55 + **0** < 59
55 + **1** < 59
55 + ___ < 59
55 + ___ < 59

70 + ___ > 73
70 + ___ > 73
70 + ___ > 73
70 + ___ > 73

24 + ___ < 28
24 + ___ < 28
24 + ___ < 28
24 + ___ < 28

40 + ___ > 45
40 + ___ > 45
40 + ___ > 45
40 + ___ > 45

3 □ 안에 들어갈 수 있는 수를 모두 찾아 색칠해 보세요.

1) 36 < 32 + □ < 39

0 1 2 3 4
5 6 7 8 9

2) 13 < 12 + □ < 18

0 1 2 3 4
5 6 7 8 9

3) 44 < 41 + □ < 50

0 1 2 3 4
5 6 7 8 9

받아올림이 없는 (몇십)+(몇십)

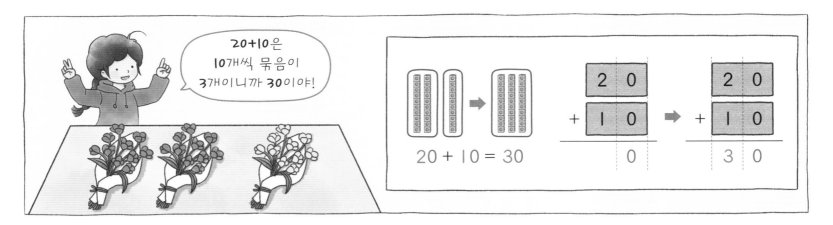

20+10은 10개씩 묶음이 3개이니까 30이야!

20 + 10 = 30

1 그림을 보고 덧셈을 해 보세요.

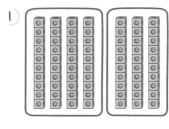
1) 40 + 30 = ____

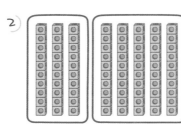
2) 30 + 50 = ____

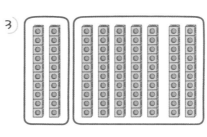
3) 20 + 70 = ____

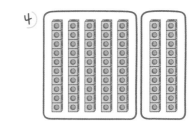
4) 50 + 20 = ____

2

1)
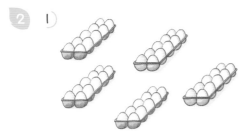

	3	0
+	2	0

2)

	6	0
+	3	0

3 빈칸에 알맞은 수를 써넣고 덧셈식을 써 보세요.

1)
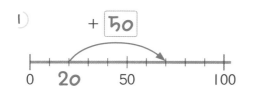
+ 50

0   20   50   100

<u>20</u> + <u>50</u> = ____

2)
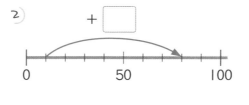
+ ____

0   50   100

____ + ____ = ____

3)
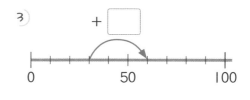
+ ____

0   50   100

____ + ____ = ____

4

1)

<u>30</u> + <u>40</u> = ____

2)

____ + ____ = ____

5 덧셈식에 맞게 그림을 그려서 계산해 보세요.

1)

$40 + 10 =$ _____

2)

$10 + 30 =$ _____

3)

$50 + 30 =$ _____

4)

$70 + 20 =$ _____

6

아래의 두 수의 합이 위의 수가 돼.

90   30+60

| 30 | 60 |

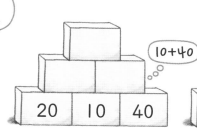

10+40

| 20 | 10 | 40 |

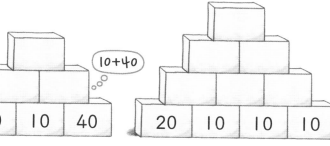

| 20 | 10 | 10 | 10 |

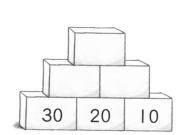

| 30 | 20 | 10 |

7

1)
$10 + 40 =$ _____
$20 + 40 =$ _____
$30 + 40 =$ _____
$40 + 40 =$ _____

2)
$30 + 60 =$ _____
$30 + 50 =$ _____
$30 + 40 =$ _____
$30 + 30 =$ _____

9

1)

+	30	10	40	20
20				40
50		60		

2)

+	50	60		70
20				
10			50	

3)

+		50		40
30			60	
20	80			

8 두 수의 합이 ⬜ 안의 수가 되도록 선으로 이어 보세요.

1)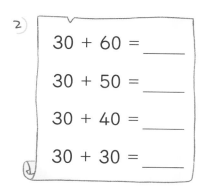

70

20   50   10   30   60   40

2)

90

50   30   80   10   60   40

10

1) 정원에 빨간 장미 50송이와 노란 장미 40송이가 피어 있어요. 정원에 핀 장미는 모두 몇 송이일까요?

식 _____ 답 _____송이

2) 호수에 백조 20마리가 있었는데 30마리가 더 날아왔어요. 호수에 있는 백조는 모두 몇 마리일까요?

식 _____ 답 _____마리

받아올림이 없는 (몇십)+(몇십)

1 관계있는 식끼리 선으로 잇고 덧셈을 해 보세요.

2 + 4 = _____   30 + 60 = _____

3 + 6 = _____   60 + 10 = _____

5 + 3 = _____   50 + 30 = _____

6 + 1 = _____   20 + 40 = _____

2 주어진 수를 두 번 더하여 덧셈식으로 나타내어 보세요.

1)    **30+** _____

2)    _____

3 계산 결과가 같은 식을 찾아 ☑표 하세요.

1) 50 + 20 = ?
   ☐ 50 + 2
   ☐ 30 + 40
   ☐ 5 + 2

2) 60 + 30 = ?
   ☐ 6 + 3
   ☐ 40 + 40
   ☐ 10 + 80

4 계산 결과가 같은 것끼리 같은 색으로 칠해 보세요.

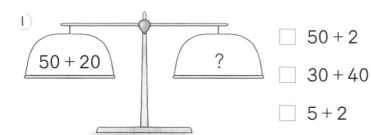
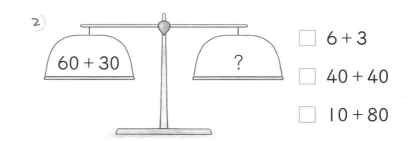

40 + 20 = _____   30 + 50 = _____   40 + 10 = _____   20 + 30 = _____

40 + 40 = _____   20 + 20 = _____   50 + 10 = _____   10 + 30 = _____

5 덧셈을 하고 합이 작은 것부터 차례대로 글자를 써 보세요.

하	별	작	밤	늘	은
30 + 20	80 + 10	40 + 30	20 + 10	10 + 50	60 + 20

_____

받아올림이 없는 (몇십)+(몇십)

6 그림을 보고 알맞은 덧셈식을 만들어 보세요.

1)

$$40+20=$$

2)

3)

7 친구들이 말하는 것을 식으로 나타내고 계산 결과를 구해 보세요.

1)

20보다 30 큰 수

$$20+30=$$

2)

60과 10의 합

3)

50보다 40 큰 수

4)

30을 두 번 더한 수

8 종이띠를 겹치지 않게 둘씩 이어 붙여 주어진 수가 되도록 그림으로 나타내고 덧셈식을 만들어 보세요.

10	20	30	50	60

1)

70	
50	20

$$50+20=$$

2)

80

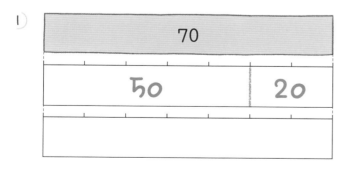

받아올림이 없는 (몇십몇)+(몇십)의 이해

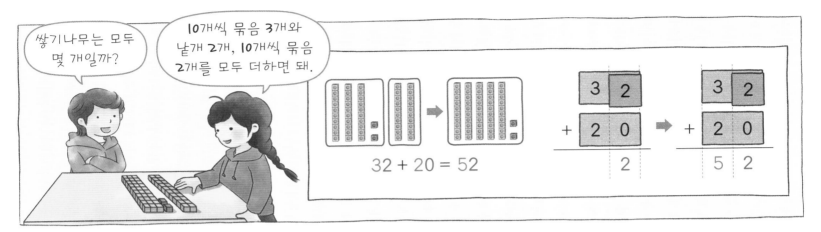

쌓기나무는 모두 몇 개일까?

10개씩 묶음 3개와 낱개 2개, 10개씩 묶음 2개를 모두 더하면 돼.

32 + 20 = 52

1 그림을 보고 알맞은 덧셈식을 써 보세요.

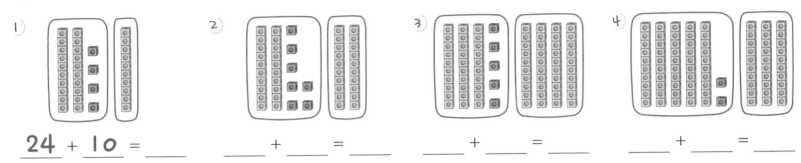

1) **24** + **10** = _____

2) _____ + _____ = _____

3) _____ + _____ = _____

4) _____ + _____ = _____

2 그림을 보고 덧셈식으로 나타내어 보세요.

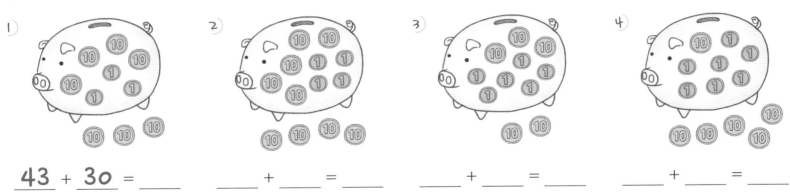

1) **43** + **30** = _____

2) _____ + _____ = _____

3) _____ + _____ = _____

4) _____ + _____ = _____

3 알맞게 색칠하여 덧셈을 해 보세요.

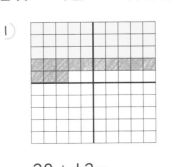

1) 30 + 13 = _____

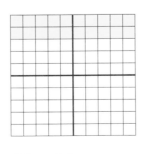

2) 20 + 26 = _____

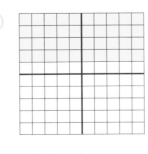

3) 40 + 15 = _____

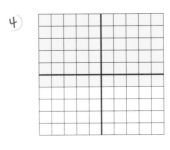

4) 60 + 38 = _____

4 덧셈식에 맞게 그림을 그려서 계산해 보세요.

1) 26 + 40 = _____

2) 37 + 20 = _____

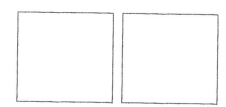

3) 30 + 54 = _____

5

1) 15 + 10 = _____

2) _____ + _____ = _____

3) _____ + _____ = _____

4) _____ + _____ = _____

5) 29 + 10 = _____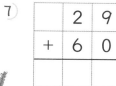

29 + 20 = _____

29 + 30 = _____

29 + 40 = _____

6) 43 + 10 = _____

43 + 20 = _____

43 + 30 = _____

43 + 40 = _____

7) 37 + 10 = _____

37 + 20 = _____

37 + 30 = _____

37 + 40 = _____

8) 12 + 10 = _____

12 + 20 = _____

12 + 30 = _____

12 + 40 = _____

6

1)
```
  2 2
+ 4 0
```

2)
```
  4 7
+ 3 0
```

3)
```
  1 8
+ 4 0
```

4)
```
  2 0
+ 5 5
```

5)
```
  1 0
+ 8 2
```

6)
```
  3 4
+ 1 0
```

7)
```
  2 9
+ 6 0
```

8)
```
  7 0
+ 2 1
```

9)
```
  1 0
+ 1 3
```

10)
```
  3 6
+ 2 0
```

받아올림이 없는 (몇십몇)+(몇십)

1 친구들이 생각한 수는 무엇일까요?

1) 내가 생각한 수는 37과 30의 합이에요.

2) 내가 생각한 수는 36보다 60 큰 수예요.

3) 내가 생각한 수는 10개씩 2묶음과 낱개 4개보다 10개씩 5묶음이 더 많은 수예요.

2 잘못된 식을 모두 찾아 계산 결과를 바르게 고쳐 보세요.

1)
40 + 30 = 70
10 + 25 = ~~45~~ 35
14 + 30 = 47

2)
10 + 72 = 73
36 + 20 = 56
64 + 10 = 74

3)
20 + 34 = 54
75 + 10 = 76
18 + 50 = 68

4)
56 + 30 = 59
17 + 40 = 47
30 + 43 = 73

3 같은 모양에 적힌 수의 합을 구해 보세요.

1)

13 56 19
20 40 30

⬤ _____

△ _____

▢ _____

2)

30 20 10
38 22 45

☆ _____

◇ _____

♡ _____

4 친구들이 밤 줍기 체험을 했어요. 관계있는 것끼리 선으로 잇고 빈칸에 알맞은 수를 써넣으세요.

연호 나는 32개를 주웠어!

정우 나는 40개!

민서 나는 20개!

연호와 정우가 주운 밤은 모두 몇 개일까요?	32 + 20 = _____	연호와 정우가 주운 밤은 모두 _____ 개예요.
정우와 민서가 주운 밤은 모두 몇 개일까요?	32 + 40 = _____	연호와 민서가 주운 밤은 모두 _____ 개예요.
연호와 민서가 주운 밤은 모두 몇 개일까요?	40 + 20 = _____	정우와 민서가 주운 밤은 모두 _____ 개예요.

받아올림이 없는 (몇십몇)+(몇십)

5 1)

> 빨간 구슬 38개가 들어 있던 유리병에 노란 구슬 30개를 넣었어요. 유리병에 들어 있는 구슬은 모두 몇 개일까요?

2)

> 서영이는 줄넘기를 어제 42번 했고 오늘 40번 했어요. 서영이가 어제와 오늘 한 줄넘기는 모두 몇 번일까요?

식 _____ 답 ___ 개

식 _____ 답 ___ 번

6 알뜰 시장에서 물건을 사려면 ▱ 안의 수만큼 붙임딱지가 필요해요. 주어진 2개의 물건을 사려면 붙임딱지가 몇 장 필요할까요?

1) $32+20=$ ___ 장

2)  ___ 장

3)  ___ 장

4)  ___ 장

7 서로 다른 덧셈식 4개를 만들어 계산해 보세요.

1) 28 41 (+) 30 50

$28+30=$ ___ $41+30=$ ___

$28+50=$ ___ $41+50=$ ___

2) 64 36 (+) 20 10

___   ___

___   ___

8 규칙을 찾아 빈칸에 알맞은 수를 써넣고 덧셈을 해 보세요.

1)
$17 + 20 =$ ___
$27 + 20 =$ ___
$37 + 20 =$ ___
$47 +$ ___ $=$ ___
___ $+$ ___ $=$ ___

2)
$55 + 30 =$ ___
$45 + 30 =$ ___
$35 + 30 =$ ___
$25 +$ ___ $=$ ___
___ $+$ ___ $=$ ___

3)
$24 + 20 =$ ___
$24 + 30 =$ ___
$24 + 40 =$ ___
$24 +$ ___ $=$ ___
___ $+$ ___ $=$ ___

받아올림이 없는 (몇십몇)+(몇십몇)

12+15는 10개씩 묶음이 2개이고 낱개가 7개이니까 27이야.

$12 + 15 = 27$

1️⃣ 그림을 보고 덧셈을 해 보세요.

1)

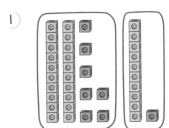

$27 + 11 = \underline{\quad}$

2)

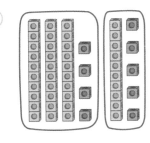

$34 + 15 = \underline{\quad}$

3)

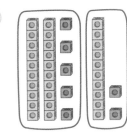

$25 + 12 = \underline{\quad}$

4)

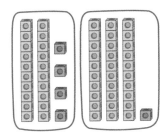

$24 + 31 = \underline{\quad}$

5)

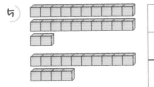

	2	2
+	1	4

6)

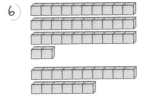

	3	2
+	1	6

7)

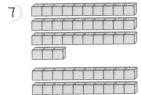

	3	3
+	2	4

2️⃣ 그림을 보고 알맞은 덧셈식을 써 보세요.

1)

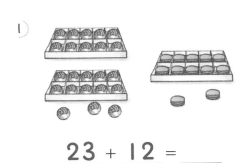

$\underline{23} + \underline{12} = \underline{\quad}$

2)

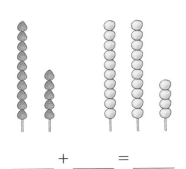

$\underline{\quad} + \underline{\quad} = \underline{\quad}$

3)

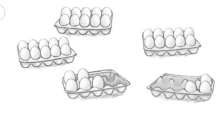

$\underline{\quad} + \underline{\quad} = \underline{\quad}$

4)

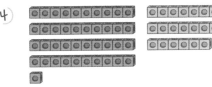

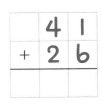

	4	1
+	2	6

5)

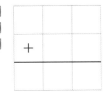

+		

24

3 모두 몇 개인지 덧셈식으로 나타내어 보세요.

1)

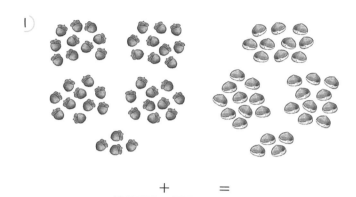

_____ + _____ = _____

2)

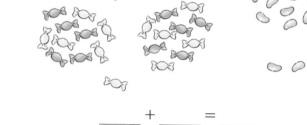

_____ + _____ = _____

4 연필은 모두 몇 자루인지 여러 가지 방법으로 구해 보세요.

1) 알맞게 색칠하여 계산해 보세요.

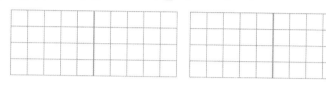

_____ + _____ = _____

2) 그림을 그려서 계산해 보세요.

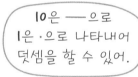 10은 ——으로
1은 ·으로 나타내어
덧셈을 할 수 있어.

_____ + _____ = _____

5 그림을 보고 덧셈을 해 보세요.

1)

빨간색 책과 노란색 책은 모두 몇 권일까요?

식 _____ 답 _____권

초록색 책과 빨간색 책은 모두 몇 권일까요?

식 _____ 답 _____권

노란색 책과 파란색 책은 모두 몇 권일까요?

식 _____ 답 _____권

2)

빨간색 꽃과 노란색 꽃은 모두 몇 송이일까요?

식 _____ 답 _____송이

분홍색 꽃과 파란색 꽃은 모두 몇 송이일까요?

식 _____ 답 _____송이

▯ 모양 꽃병에 꽂힌 꽃은 모두 몇 송이일까요?

식 _____ 답 _____송이

받아올림이 없는 (몇십몇)+(몇십몇)

1 모두 몇 개로 보이는지 덧셈식으로 나타내어 보세요.

1)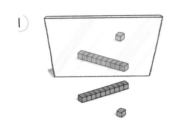

2)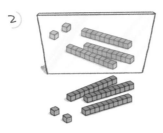

3)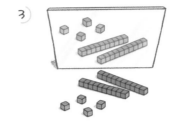

4)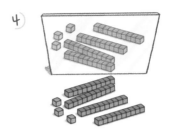

11 + 11 = _____   32 + 32 = _____   _____ + _____ = _____   _____ + _____ = _____

2 덧셈식에 맞게 동전을 그려 넣어 계산해 보세요.

1)

15 + 22 = _____

2)

41 + 13 = _____

3)

32 + 21 = _____

3 1) 16 + 31 = _____

2) 24 + 44 = _____

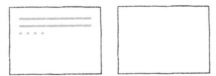

3) 12 + 47 = _____

4) 31 + 43 = _____

5) 54 + 35 = _____

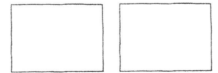

6) 44 + 21 = _____

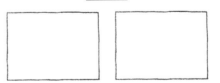

4

1)
	2	4
+	5	2

2)
	4	4
+	5	3

3)
	7	3
+	1	2

4)
	3	2
+	3	7

5)
	6	5
+	2	3

5 덧셈식을 바르게 나타낸 것을 찾아 ☑표 하고 덧셈을 해 보세요.

1) 14 + 21

☐ $\begin{array}{r} 14 \\ +\ 21 \\ \hline \end{array}$ ☐ $\begin{array}{r} 14 \\ +\ 12 \\ \hline \end{array}$

2) 22 + 34

☐ $\begin{array}{r} 22 \\ + \quad \\ \hline 34 \end{array}$ ☐ $\begin{array}{r} 22 \\ +\ 34 \\ \hline \end{array}$

3) 45 + 53

☐ $\begin{array}{r} 45 \\ + \quad 53 \\ \hline \end{array}$ ☐ $\begin{array}{r} 45 \\ +\ 53 \\ \hline \end{array}$

6 두 수의 합을 세로로 계산하여 구해 보세요.

1) 37, 41

$\begin{array}{r} 41 \\ +\ 37 \\ \hline \end{array}$

2) 63, 21

3) 12, 54

7 덧셈을 하고 알맞은 색으로 칠해 보세요.

37, 56, 58, 69, 79

46 + 33 = ____ 26 + 32 = ____ 14 + 42 = ____ 27 + 42 = ____

$\begin{array}{r} 13 \\ +\ 24 \\ \hline \end{array}$ $\begin{array}{r} 15 \\ +\ 54 \\ \hline \end{array}$ $\begin{array}{r} 33 \\ +\ 23 \\ \hline \end{array}$ $\begin{array}{r} 26 \\ +\ 11 \\ \hline \end{array}$ $\begin{array}{r} 12 \\ +\ 67 \\ \hline \end{array}$ $\begin{array}{r} 14 \\ +\ 44 \\ \hline \end{array}$

8 계산 결과가 ☐ 안의 수와 같은 식을 찾아 ☑표 하세요.

1) 86

☐ 62 + 24 = ____
☐ 25 + 73 = ____
☐ 53 + 24 = ____
☐ 51 + 15 = ____

2) 69

☐ 32 + 27 = ____
☐ 35 + 23 = ____
☐ 52 + 13 = ____
☐ 43 + 26 = ____

3) 77

☐ 35 + 41 = ____
☐ 42 + 15 = ____
☐ 63 + 14 = ____
☐ 55 + 12 = ____

4) 58

☐ 16 + 43 = ____
☐ 37 + 21 = ____
☐ 37 + 31 = ____
☐ 21 + 27 = ____

받아올림이 없는 (몇십몇)+(몇십몇)

1 계산 결과에 알맞은 글자를 써넣어 문장을 완성해 보세요.

| 쑥 | 25 + 32 | 이 | 16 + 22 | 수 | 72 + 15 | 쑥 | 45 + 14 | 실 | 51 + 12 |

| 학 | 33 + 42 | 력 | 24 + 21 |

87	75	63	45	38	59	57

2 알맞은 색으로 칠해 보세요.

 65   48

39   56

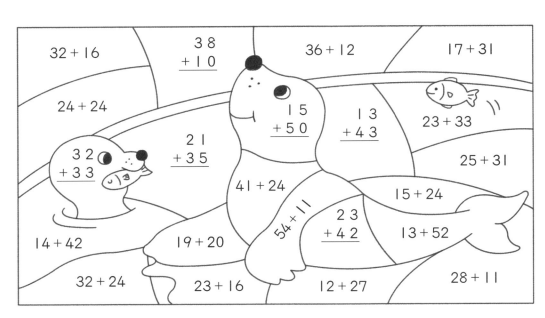

32 + 16   38 +10   36 + 12   17 + 31
24 + 24   15 +50   13 +43   23 + 33
32 +33   21 +35   25 + 31
41 + 24   15 + 24
54 +11   23 +42   13 + 52
14 + 42   19 + 20   28 + 11
32 + 24   23 + 16   12 + 27

3 옳은 식을 모두 찾아 ☑표 하고, 잘못된 식은 답을 바르게 고쳐 보세요.

1) ☑ 32 + 45 = 77   2) ☐ 16 + 52 = 68   3) ☐ 51 + 34 = 86   4) ☐ 13 + 41 = 27

☐ 23 + 36 = ~~96~~ **59**   ☐ 42 + 34 = 77   ☐ 33 + 22 = 55   ☐ 63 + 12 = 75

☐ 41 + 24 = 65   ☐ 27 + 22 = 272   ☐ 15 + 31 = 46   ☐ 54 + 41 = 59

☐ 74 + 11 = 86   ☐ 13 + 65 = 78   ☐ 26 + 13 = 57   ☐ 25 + 52 = 77

4

1)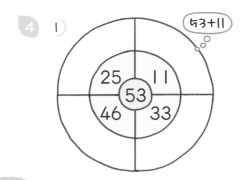

53+11

25 | 11
53
46 | 33

2)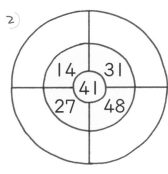

14 | 31
41
27 | 48

3)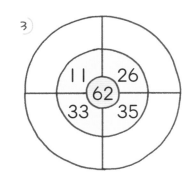

11 | 26
62
33 | 35

4)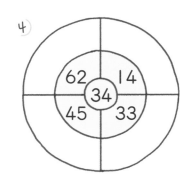

62 | 14
34
45 | 33

받아올림이 없는 (몇십몇)+(몇십몇)

5 같은 수를 나타내는 것끼리 선으로 잇고, 남은 수에 ✕표 하세요.

(66)　　(57)　　(67)　　(59)　　(89)　　(86)

 25 + 34　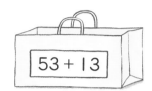 53 + 13　 45 + 12　 35 + 51

6 같은 모양에 적힌 수의 합을 구해 보세요.

1)

72　24　41　55
35　12　14　13

72+13 ☆　🌙　☁　☀

2)

71　52　64　55
22　26　23　17

7

1)

+	26	34	45
22			
33			
51			

2)

+	21	32	25
43			
52			
64			

3)

+	12	24	31
54			
45			
23			

8 문장을 읽고 덧셈식으로 나타내어 보세요.

1) 23에 16을 더해요.　　2) 36보다 21 큰 수예요.　　3) 52와 36의 합이에요.

$23+16=$　　_____　　_____

받아올림이 없는 (몇십몇)+(몇십몇)

1 합이 같은 것끼리 같은 색으로 칠해 보세요.

| 23 + 34 | 11 + 42 | 26 + 43 | 51 + 17 | 24 + 15 |

| 35 + 33 | 17 + 22 | 32 + 25 | 31 + 22 | 36 + 33 |

2 같은 색의 종이에 적힌 두 수의 합을 같은 색의 빈 종이에 써 보세요.

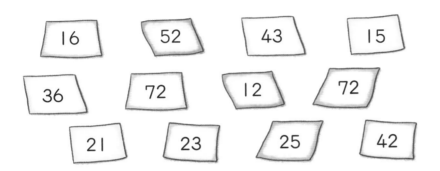

3 상자에서 수를 하나씩 골라 덧셈식을 만들고 계산해 보세요.

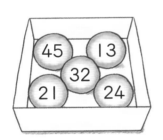
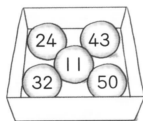

1) $45 + 24 =$ ____ 2) ◯ + ◯ = ____

3) ◯ + ◯ = ____ 4) ◯ + ◯ = ____

5) ◯ + ◯ = ____ 6) ◯ + ◯ = ____

4 친구가 말한 수는 들고 있는 2개의 풍선에 적힌 수의 합이에요. 알맞게 선으로 이어 보세요.

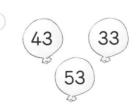
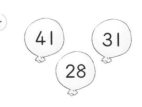

1) 23 25 15 48

2) 25 42 35 67

3) 43 33 53 76

4) 41 31 28 59

받아올림이 없는 (몇십몇)+(몇십몇)

5   1)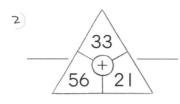
23+16

2)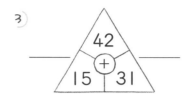

3)
```
  42
 (+)
15   31
```

4)
```
  41
 (+)
25   44
```

6 두 수의 합이 ☁ 안의 수가 되도록 둘씩 짝지어 같은 색으로 칠해 보세요.

1)

41	32	43
33	15	27

2)

23	42	51
25	43	55

7 관계있는 것끼리 선으로 잇고 빈칸에 알맞은 수를 써넣으세요.

 사과가 34개 있고, 귤은 사과보다 22개 더 많이 있어요. 귤은 몇 개일까요?

 아몬드 쿠키 24개와 초콜릿 쿠키 25개가 있어요. 쿠키는 모두 몇 개일까요?

나뭇가지에 참새가 13마리 앉아 있었는데 15마리가 더 날아와 앉았어요. 나뭇가지에 앉은 참새는 모두 몇 마리일까요?

목장에 양 31마리와 염소 27마리가 있어요. 목장에 있는 양과 염소는 모두 몇 마리일까요?

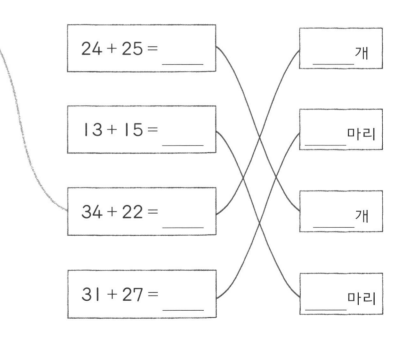

24 + 25 = _____   _____ 개

13 + 15 = _____   _____ 마리

34 + 22 = _____   _____ 개

31 + 27 = _____   _____ 마리

8 1) 닭장에 암탉 32마리와 수탉 26마리가 있어요. 닭장에 있는 닭은 모두 몇 마리일까요?

식 _____ 답 ____마리

2) 책 34권이 꽂혀 있던 책장에 새로 산 책 45권을 더 꽂았어요. 책장에 있는 책은 모두 몇 권일까요?

식 _____ 답 ____권

받아올림이 없는 (몇십몇)+(몇십몇)

1 만들 수 있는 덧셈식을 모두 쓰고 계산해 보세요.

1)

15+12=＿＿＿＿＿＿   43+12=＿＿＿＿＿＿

15+34=＿＿＿＿＿＿

15+23=＿＿＿＿＿＿

2)

＿＿＿＿＿＿＿＿   ＿＿＿＿＿＿＿＿

＿＿＿＿＿＿＿＿   ＿＿＿＿＿＿＿＿

2

1)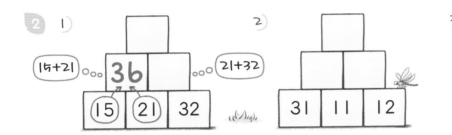

2)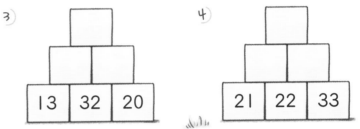

3 두 수의 합이 ⬜ 안의 수가 되도록 선으로 이어 보세요.

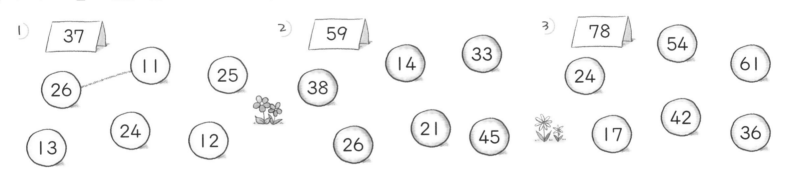

4 주어진 식에 맞는 내용을 찾아 ☑표 하고 계산해 보세요.

1) 37 + 12 = ＿＿＿＿＿

☐ 연필이 37자루 있었는데 12자루를 더 샀어요.

☐ 연필이 37자루 있었는데 12자루를 친구에게 주었어요.

☐ 연필이 37자루 있었는데 12자루만 남기고 모두 사용했어요.

2) 54 + 31 = ＿＿＿＿＿

☐ 54개의 빵 중에서 상한 것을 버리고 나니 31개가 남았어요.

☐ 팥빵 54개와 크림빵 31개가 있어요.

☐ 54개의 빵을 31명의 친구들에게 1개씩 나누어 주었어요.

받아올림이 없는 (몇십몇)+(몇십몇)

5 친구들의 동전 지갑을 보고 물음에 답하세요.

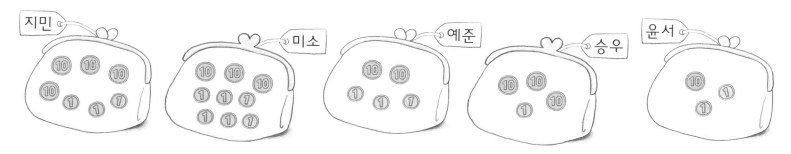

1) 미소와 예준이가 가지고 있는 돈은 모두 얼마일까요?　　식 _____　답 ____원

2) 지민이와 승우가 가지고 있는 돈은 모두 얼마일까요?　　식 _____　답 ____원

3) 돈이 가장 많은 친구와 가장 적은 친구가 가지고 있는 돈은 모두 얼마일까요?

　　　　　　　　　　　　　　　　　　　　　　　　　　　식 _____　답 ____원

6 찢어진 부분에 알맞은 숫자를 써넣으세요.

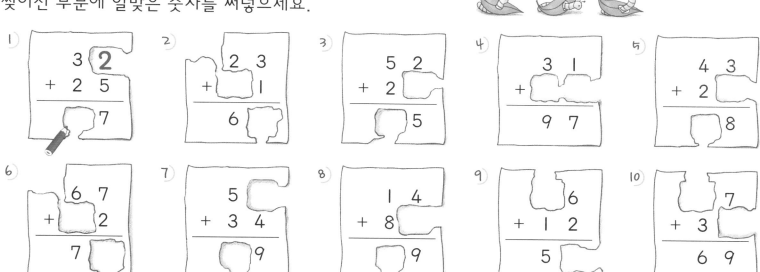

7 숫자 카드 4장을 한 번씩 사용하여 계산 결과가 ▱ 안의 수가 되는 ▢▢+▢▢의 덧셈식 2개를 만들어 보세요.

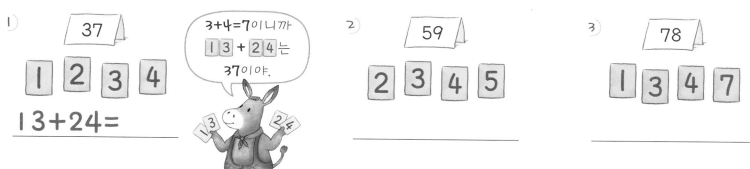

1) ▱ 37

　1　2　3　4

3+4=7이니까
1 3 + 2 4 는
37이야.

13+24= _____

_____

2) ▱ 59

　2　3　4　5

_____

_____

3) ▱ 78

　1　3　4　7

_____

_____

33

여러 가지 방법으로 덧셈하기

$52 + 34$

$52 + 34 = 86$
$50 + 30 = 80$
$2 + 4 = 6$

	5	2
+	3	4
	8	6

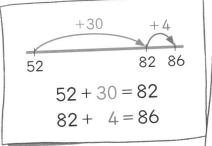

$52 + 30 = 82$
$82 + 4 = 86$

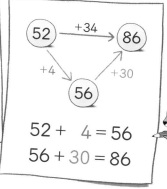

$52 + 4 = 56$
$56 + 30 = 86$

여러 가지 방법으로 덧셈을 할 수 있어.

10개씩 묶음끼리 더하고 낱개끼리 더해서 계산해 봐.

1

1)
$45 + 13 = \underline{\quad}$
$40 + \mathbf{10} = \underline{\quad}$
$\mathbf{5} + 3 = \underline{\quad}$

2)
$62 + 12 = \underline{\quad}$
$60 + \underline{\quad} = \underline{\quad}$
$\underline{\quad} + \underline{\quad} = \underline{\quad}$

3)
$73 + 24 = \underline{\quad}$
$\underline{\quad} + \underline{\quad} = \underline{\quad}$
$\underline{\quad} + \underline{\quad} = \underline{\quad}$

2 알맞은 덧셈식을 쓰고 계산해 보세요.

1)
3	+	2	=	**5**
2 0	+	5 0	=	**7 0**
2 3	+	5 2	=	

2)
5	+		=	
1 0	+		=	
1 5	+	7 4	=	

3)
	+		=	
	+		=	
1 6	+	3 1	=	

3

1)
	3	4
+	1	2

2)
	7	1
+	1	2

3)
	5	6
+	2	3

4)
	6	3
+	2	1

5)
	2	4
+	4	4

4

1) $22 + 51 = \underline{\quad}$
2) $41 + 14 = \underline{\quad}$
3) $57 + 32 = \underline{\quad}$
4) $71 + 15 = \underline{\quad}$

5) $24 + 12 = \underline{\quad}$
6) $54 + 13 = \underline{\quad}$
7) $24 + 41 = \underline{\quad}$
8) $12 + 82 = \underline{\quad}$

5 빈칸에 알맞은 수를 써넣어 덧셈을 해 보세요.

1) $25 + 12 =$ _____

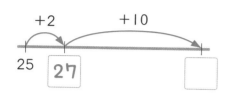

2) $71 + 25 =$ _____

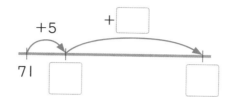

3) $33 + 36 =$ _____

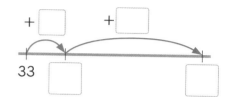

6

1)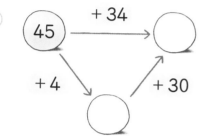

2)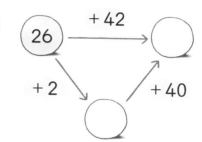

3)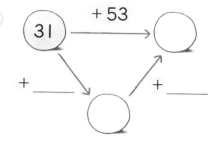

7

1)
$24 + 32 =$ _____

$24 + \underline{\textbf{2}} = \textbf{26}$

$\textbf{26} + \textbf{30} =$ _____

몇을 먼저 더하고 몇십을 더해 봐.

2)
$51 + 27 =$ _____

$51 +$ _____ $=$ _____

_____ $+$ _____ $=$ _____

3)
$34 + 61 =$ _____

$34 +$ _____ $=$ _____

_____ $+$ _____ $=$ _____

8

1)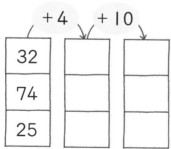

+4	+10
32		
74		
25		

+14
32	
74	
25	

2)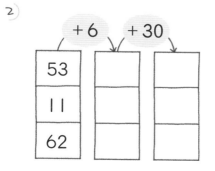

+6	+30
53		
11		
62		

+36
53	
11	
62	

9

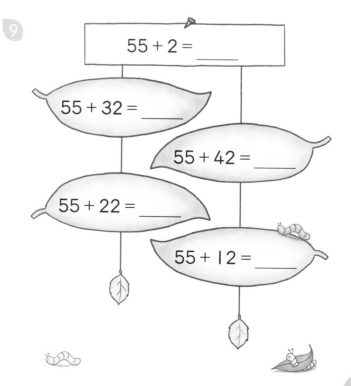

$55 + 2 =$ _____

$55 + 32 =$ _____

$55 + 42 =$ _____

$55 + 22 =$ _____

$55 + 12 =$ _____

35

여러 가지 방법으로 덧셈하기

1 빈칸에 알맞은 수를 써넣어 덧셈을 해 보세요.

1) $52 + 25 = \underline{\quad}$

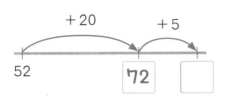

2) $34 + 65 = \underline{\quad}$

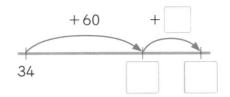

3) $16 + 42 = \underline{\quad}$

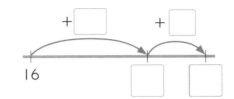

2

1)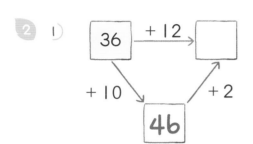

2)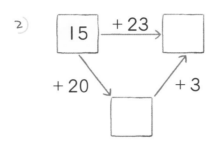

3)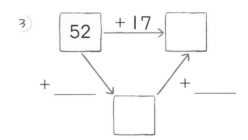

3 알맞은 덧셈식을 쓰고 계산해 보세요.

몇십을 먼저 더하고 몇을 더해 봐.

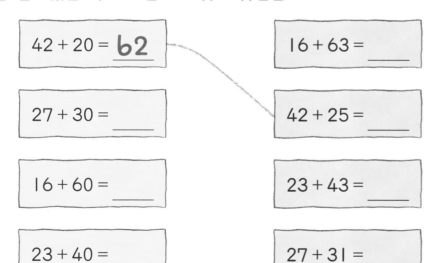

7	1	+	1	6	=		
7	1	+	1	0	=	8	1
8	1	+		6	=		

2	4	+	3	5	=		
2	4	+			=		
		+			=		

4	3	+	2	1	=		
4	3	+			=		
		+			=		

4 관계있는 식끼리 선으로 잇고 덧셈을 해 보세요.

$42 + 20 = \underline{62}$

$27 + 30 = \underline{\quad}$

$16 + 60 = \underline{\quad}$

$23 + 40 = \underline{\quad}$

$67 + 10 = \underline{\quad}$

$16 + 63 = \underline{\quad}$

$42 + 25 = \underline{\quad}$

$23 + 43 = \underline{\quad}$

$27 + 31 = \underline{\quad}$

$67 + 12 = \underline{\quad}$

5

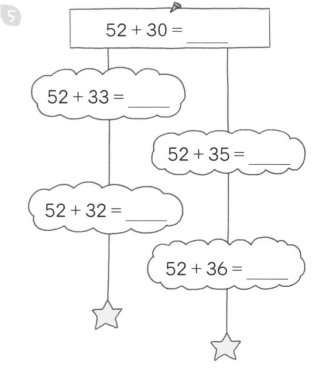

$52 + 30 = \underline{\quad}$

$52 + 33 = \underline{\quad}$

$52 + 35 = \underline{\quad}$

$52 + 32 = \underline{\quad}$

$52 + 36 = \underline{\quad}$

여러 가지 방법으로 덧셈하기

6 23+46을 계산하는 여러 가지 방법에 대해 이야기하고 있어요. 관계있는 것끼리 선으로 잇고 빈칸에 알맞은 수를 써넣으세요.

 나는 모형을 이용해서 계산했어.

 나는 10개씩 묶음끼리 더하고 낱개끼리 더해서 계산했어.

 나는 몇을 먼저 더하고 몇십을 더했어.

 나는 몇십을 먼저 더하고 몇을 더했어.

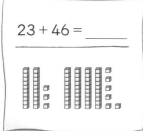

23 + 46 = _____

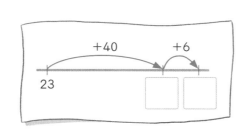

+40   +6

23

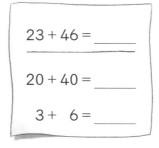

23 + 46 = _____

20 + 40 = _____

3 + 6 = _____

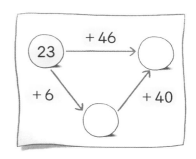

23   + 46

+6   + 40

7 1) 33 + 56 을 계산하기 위해서 33 + 6을 먼저 계산했다면 어떤 계산을 더 해 주어야 할까요?

알맞은 것에 V표 해 봐.

☐ + 5   ☐ + 50   ☐ + 6   ☐ + 60

2) 21 + 15 를 계산하기 위해서 21 + 10을 먼저 계산했다면 어떤 계산을 더 해 주어야 할까요?

☐ + 5   ☐ + 20   ☐ + 1   ☐ + 10

3) 17 + 41 을 계산하기 위해서 10 + 40을 먼저 계산했다면 어떤 계산을 더 해 주어야 할까요?

☐ + 5   ☐ + 80   ☐ + 8   ☐ - 8

4) 42 + 23 을 계산하기 위해서 2 + 3을 먼저 계산했다면 어떤 계산을 더 해 주어야 할까요?

☐ + 6   ☐ + 23   ☐ - 60   ☐ + 60

8 계산을 하고 어떻게 계산했는지 이야기해 보세요.

친구들이 치즈 마을에 체험 학습을 가서 32명은 치즈 만들기 체험을 하고, 17명은 피자 만들기 체험을 했어요. 체험 학습에 참여한 친구는 모두 몇 명일까요?

_____ 명

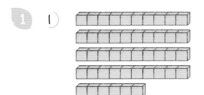

규칙을 이용하여 덧셈하기

1 1)

$46 + 30 =$ _____

$46 + 31 =$ _____

$46 + 32 =$ _____

$46 + 33 =$ _____

2)

$23 + 10 =$ _____

$23 + 12 =$ _____

$23 + 14 =$ _____

$23 + 16 =$ _____

2 1)

$34 + 25 =$ _____

$34 + 35 =$ _____

$34 + 45 =$ _____

2)

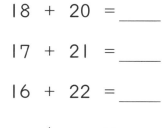

$25 + 43 =$ _____

$25 + 33 =$ _____

$25 + 23 =$ _____

3 규칙을 찾아 빈칸에 알맞은 수를 써넣고 덧셈을 해 보세요.

$21 + 6 =$ _____	$71 + 12 =$ _____	$51 + 16 =$ _____	$18 + 20 =$ _____
$21 + 16 =$ _____	$72 + 12 =$ _____	$51 + 15 =$ _____	$17 + 21 =$ _____
$21 + 26 =$ _____	$73 + 12 =$ _____	$51 + 14 =$ _____	$16 + 22 =$ _____
$21 +$ ___ $=$ ___	$74 +$ ___ $=$ ___	$51 +$ ___ $=$ ___	___ $+$ ___ $=$ ___
___ $+$ ___ $=$ ___	___ $+$ ___ $=$ ___	___ $+$ ___ $=$ ___	___ $+$ ___ $=$ ___
___ $+$ ___ $=$ ___	___ $+$ ___ $=$ ___	___ $+$ ___ $=$ ___	___ $+$ ___ $=$ ___

4 첫 번째 수와 두 번째 수는 각각 규칙을 가지고 있어요. 규칙에 맞지 않는 식을 찾아 바르게 고쳐 보세요.

1)

$42 + 11 = 53$

$42 + 12 = 54$

$42 + 13 = 55$

$42 + \cancel{15} = \cancel{57}$
  14

2)

$21 + 32 = 53$

$23 + 32 = 55$

$26 + 32 = 58$

$27 + 32 = 59$

3)

$54 + 24 = 78$

$53 + 23 = 76$

$52 + 22 = 74$

$50 + 21 = 71$

4)

$31 + 37 = 68$

$33 + 36 = 69$

$35 + 33 = 68$

$37 + 31 = 68$

계산 결과 비교하기

1. 1) 31 + 42 < 75   2) 65 ◯ 43 + 21   3) 72 + 11 ◯ 51 + 34

   24 + 23 ◯ 45   75 ◯ 36 + 42   24 + 43 ◯ 32 + 35

   56 + 12 ◯ 68   55 ◯ 22 + 34   33 + 44 ◯ 51 + 24

   15 + 34 ◯ 50   38 ◯ 15 + 23   35 + 53 ◯ 26 + 62

>, =, <를
알맞게
써넣어 봐.

2. 저울은 수가 더 큰 쪽으로 기울어져요. 기울어지는 쪽에 ◯표 하세요.

   1) 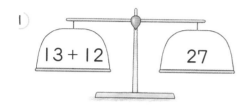 13 + 12   27

   2) 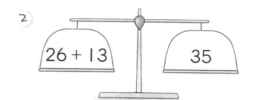 26 + 13   35

   3) 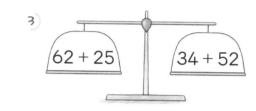 62 + 25   34 + 52

3. 두 수의 합이 더 큰 것에 색칠해 보세요.

   1)
   54와 42
   36과 63

   2)
   12와 47
   34와 21

   3)
   53과 24
   45와 31

   4)
   13과 35
   25와 24

4. 계산 결과가 80보다 작은 것을 모두 찾아 색칠해 보세요.

   45 + 13   22 + 15   43 + 42   32 + 17

   23 + 61   62 + 12   56 + 33

5. 합이 가장 큰 것에 ◯표, 가장 작은 것에 △표 하세요.

   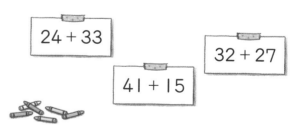

   24 + 33   32 + 27

   41 + 15

6. 계산 결과가 큰 것부터 차례대로 글자를 써 보세요.

   인 > 61 + 11 = ____   요 > 32 + 14 = ____   하 > 52 + 30 = ____   게 > 37 + 41 = ____

   정 > 43 + 52 = ____   사 > 43 + 26 = ____   해 > 31 + 23 = ____   다 > 64 + 34 = ____

   ____ ____ ____ ____ ____ ____ ____ ____

받아내림이 없는 (몇십몇)-(몇)의 이해

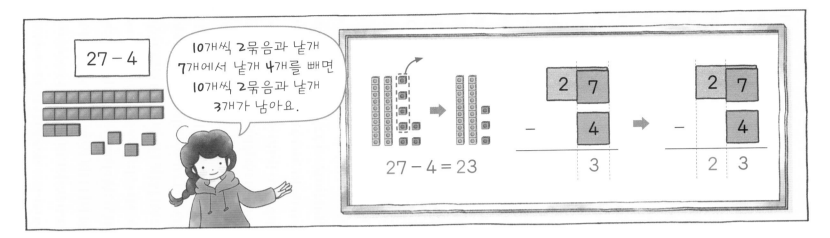

27 - 4

10개씩 2묶음과 낱개 7개에서 낱개 4개를 빼면 10개씩 2묶음과 낱개 3개가 남아요.

27 - 4 = 23

1 그림을 보고 뺄셈을 해 보세요.

1)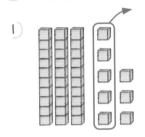

38 - 5 = _____

2)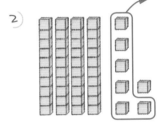

47 - 6 = _____

3)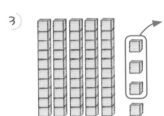

54 - 3 = _____

4)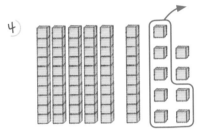

69 - 7 = _____

2 그림을 보고 뺄셈식을 완성해 보세요.

1)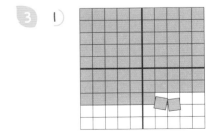

48 - **3** = _____

2)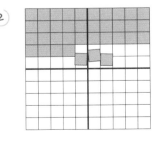

23 - ____ = _____

3)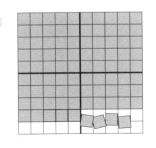

36 - ____ = _____

3

1)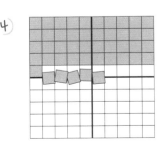

78 - **2** = _____

2)

37 - ____ = _____

3)

89 - ____ = _____

4)

46 - ____ = _____

받아내림이 없는 (몇십몇)−(몇)의 이해

4 뺄셈식에 맞게 동전을 /으로 지워서 계산해 보세요.

1)

49 − 5 = ＿＿

2)

56 − 3 = ＿＿

3)

37 − 6 = ＿＿

5 ●을 /으로 지워서 뺄셈을 해 보세요.

1)
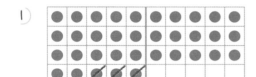

35 − 3 = ＿＿

2)

26 − 6 = ＿＿

3)

48 − 5 = ＿＿

6

1)
	7	7
−		4

2)
	4	9
−		7

3)
	5	8
−		3

4)
	9	2
−		2

5)
	8	6
−		5

6)
	6	5
−		1

7)
	3	9
−		4

8)
	7	5
−		3

9)
	6	3
−		2

10)
	9	8
−		5

7 그림을 보고 몇 개가 남는지 뺄셈식으로 나타내어 보세요.

1)

＿＿ − ＿＿ = ＿＿

2)

＿＿ − ＿＿ = ＿＿

3)
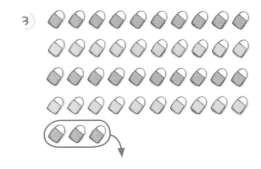

＿＿ − ＿＿ = ＿＿

받아내림이 없는 (몇십몇) - (몇)

1 관계있는 것끼리 선으로 잇고 색칠한 칸을 /으로 지워서 뺄셈을 해 보세요.

$89 - 7 =$ ____

$94 - 2 =$ ____

$53 - 3 =$ ____

$47 - 5 =$ ____

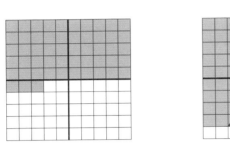
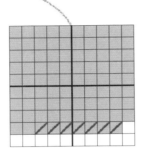
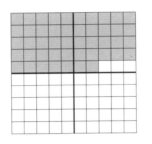
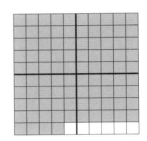

2 빼는 수만큼 표시하여 뺄셈을 해 보세요.

1) $25 - 4 =$ ____

2) $49 - 6 =$ ____

3) $86 - 5 =$ ____

25

49

86

3 빈칸에 알맞은 수를 써넣어 뺄셈식을 완성하세요.

1)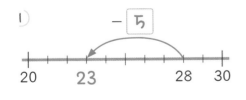

$28 -$ ____ $=$ ____

2)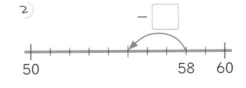

$58 -$ ____ $=$ ____

3)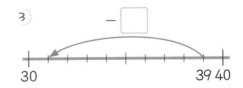

$39 -$ ____ $=$ ____

4 빈칸에 알맞은 수를 써넣으세요.

1)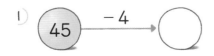

2)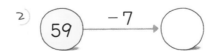

3)

받아내림이 없는 (몇십몇) - (몇)

5 뺄셈식을 바르게 나타낸 것을 찾아 ☑표 하고 계산해 보세요.

1)  □
```
  4 6
-   2
```
□
```
  4
- 2 6
```

2)  □
```
  9 7
-   4
```
□
```
  9 7
-   4
```

6 두 수의 차를 세로로 계산해 보세요.

1)
```
  7 9
-   7
```

2)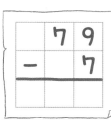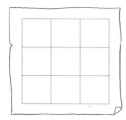

3)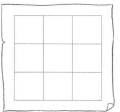

7 차가 같은 것끼리 선으로 이어 보세요.

27 - 5
89 - 4
85 - 2
25 - 1

88 - 5
26 - 4
27 - 3
86 - 1

8 차가 다른 식 하나를 찾아 ✕표 하세요.

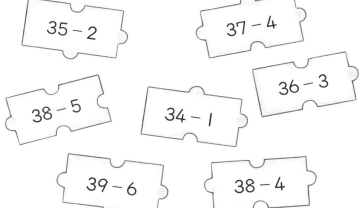
35 - 2
37 - 4
38 - 5
34 - 1
36 - 3
39 - 6
38 - 4

9 뺄셈을 하고 차가 작은 것부터 차례대로 글자를 써 보세요.

한 45 - 3 = ___
과 56 - 3 = ___
삭 39 - 4 = ___
아 63 - 1 = ___

사 48 - 2 = ___
아 29 - 2 = ___
가 55 - 1 = ___
좋 65 - 4 = ___

___ ___ ___ ___ ___ ___ ___ ___

EGG 받아내림이 없는 (몇십몇) - (몇)

1 계산 결과가 적힌 칸을 모두 색칠해 보세요.

75 - 2 = __73__   57 - 2 = _____   39 - 1 = _____

98 - 4 = _____   79 - 5 = _____   88 - 3 = _____

67 - 2 = _____   19 - 4 = _____   86 - 2 = _____

26 - 1 = _____   49 - 1 = _____   79 - 4 = _____

87 - 5 = _____   95 - 2 = _____   28 - 1 = _____

49 - 4 = _____   84 - 1 = _____   9 - 4 = _____

18 - 2 = _____   37 - 2 = _____   59 - 2 = _____

1	2	3	4	5	6	7	8	9	10
11	12	13	14	15	16	17	18	19	20
21	22	23	24	25	26	27	28	29	30
31	32	33	34	35	36	37	38	39	40
41	42	43	44	45	46	47	48	49	50
51	52	53	54	55	56	57	58	59	60
61	62	63	64	65	66	67	68	69	70
71	72	73	74	75	76	77	78	79	80
81	82	83	84	85	86	87	88	89	90
91	92	93	94	95	96	97	98	99	100

2 친구들이 말하는 것을 식으로 나타내고 계산 결과를 구해 보세요.

1) 56보다 4 작은 수

_____

2) 38 빼기 2

_____

3) 69와 8의 차

_____

3 계산 결과가 ☐ 안의 수와 같은 식을 모두 찾아 ☑표 하세요.

1) **22**

☐ 27 - 5 = _____
☐ 24 - 3 = _____
☐ 26 - 4 = _____
☐ 23 - 2 = _____

2) **41**

☐ 43 - 3 = _____
☐ 45 - 2 = _____
☐ 47 - 6 = _____
☐ 49 - 8 = _____

3) **55**

☐ 56 - 1 = _____
☐ 58 - 4 = _____
☐ 57 - 1 = _____
☐ 59 - 4 = _____

4) **34**

☐ 36 - 1 = _____
☐ 38 - 4 = _____
☐ 35 - 2 = _____
☐ 37 - 3 = _____

4 옳은 식을 모두 찾아 ☑표 하고, 잘못된 식은 답을 바르게 고쳐 보세요.

1) ☑ 34 - 2 = 32
   ☐ 44 - 1 = 34̶ 43
   ☐ 57 - 3 = 54
   ☐ 75 - 4 = 72

2) ☐ 78 - 3 = 73
   ☐ 29 - 5 = 24
   ☐ 97 - 2 = 95
   ☐ 46 - 6 = 41

3) ☐ 89 - 7 = 82
   ☐ 38 - 1 = 36
   ☐ 56 - 3 = 52
   ☐ 68 - 5 = 63

4) ☐ 67 - 3 = 65
   ☐ 88 - 1 = 87
   ☐ 94 - 2 = 96
   ☐ 27 - 4 = 23

받아내림이 없는 (몇십몇)-(몇)

5 관계있는 식끼리 선으로 잇고 뺄셈을 해 보세요.

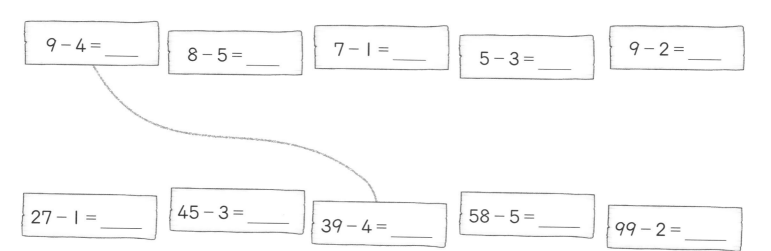

| 9 - 4 = ___ | 8 - 5 = ___ | 7 - 1 = ___ | 5 - 3 = ___ | 9 - 2 = ___ |

| 27 - 1 = ___ | 45 - 3 = ___ | 39 - 4 = ___ | 58 - 5 = ___ | 99 - 2 = ___ |

6 1)
| 7 | - | 4 | = | 3 |
| 4 | 7 | - | 4 | = | |

2)
| 8 | - | 2 | = | |
| 7 | 8 | - | 2 | = | |

3)
| 6 | - | 5 | = | |
| 5 | 6 | - | 5 | = | |

7 1)
| - | 6 | 26 |
| 3 | | |

2)
| - | 3 | 43 |
| 2 | | |

3)
| - | 9 | 59 |
| 1 | | |

4)
| - | 8 | 68 |
| 5 | | |

5)
| - | 7 | 77 |
| 6 | | |

6)
| - | 5 | 85 |
| 4 | | |

8 1) 버스 안에 37명이 있었는데 5명이 내렸어요. 버스에 남아 있는 사람은 몇 명일까요?

식 _____ 답 _____명

2) 동물원에 사막여우가 28마리, 호랑이가 3마리 있어요. 사막여우는 호랑이보다 몇 마리 더 많을까요?

식 _____ 답 _____마리

9 과일 가게에 사과 36상자가 있어요. 창고에 보관해야 할 사과는 몇 상자일까요?

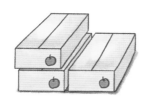

〈해야 할 일〉
- 지아네 집에 5상자 배달하기
- 배달하고 남은 사과는 창고에 보관하기

식 _____

답 _____상자

받아내림이 없는 (몇십몇) – (몇)

1 알맞은 색으로 칠해 보세요.

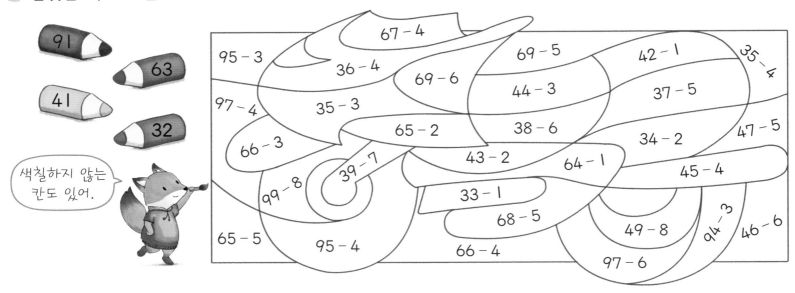

2 뺄셈식에 맞는 내용을 찾아 ☑표 하고 계산해 보세요.

$$76 - 4 = \underline{\quad}$$

☐ 체육관에 공이 76개 있었는데 4개를 더 가져왔어요.

☐ 운동장에 72명이 있었는데 4명이 집으로 돌아갔어요.

☐ 사탕이 76개 있었는데 그중 4개를 먹었어요.

3 같은 색으로 표시된 두 수의 차를 뺄셈식으로 나타내어 보세요.

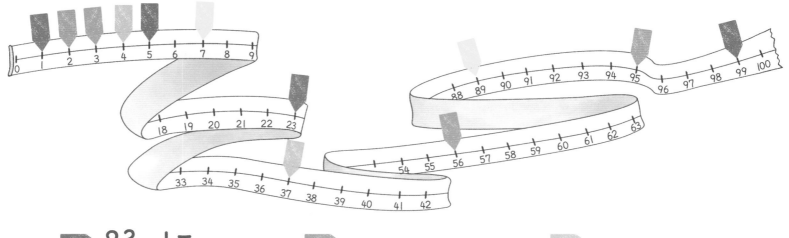

➡ 23 – 1 = _____   ➡ _____   ➡ _____

➡ _____   ➡ _____   ➡ _____

4 두 수의 차가 ☐ 안의 수가 되도록 선으로 이어 보세요.

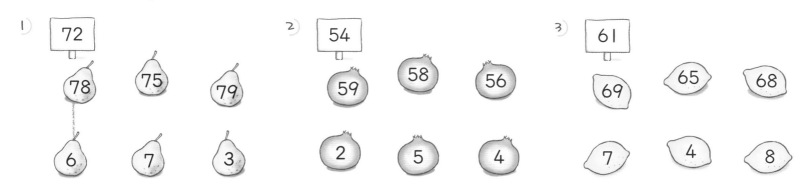

5 숫자 카드를 한 번씩 사용하여 옳은 식을 완성하고, 만들 수 없는 것에 ⊠표 하세요.

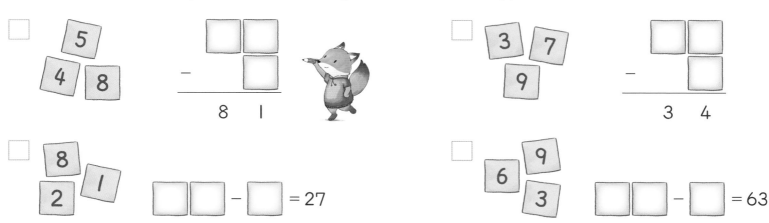

6 두 수의 차가 같은 수가 되도록 선으로 잇고, 남은 수 하나에 ×표 하세요.

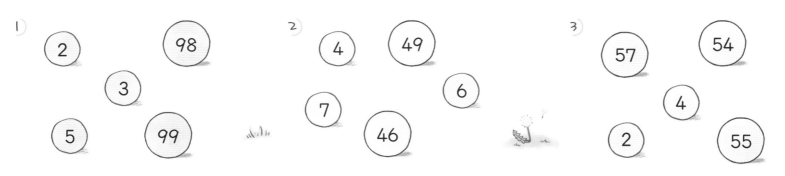

7 서로 다른 뺄셈식 4개를 만들어 계산해 보세요.

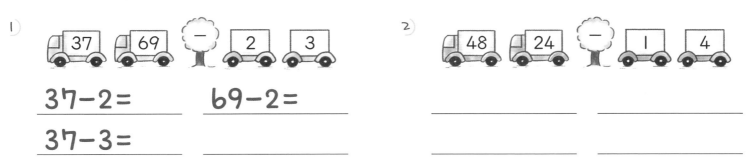

37−2=

69−2=

37−3=

규칙을 이용하여 뺄셈하기

1 뺄셈식에 맞게 /으로 지워서 뺄셈을 해 보세요.

1)
$19 - 4 = \underline{15}$

$29 - 4 = \underline{}$

$39 - 4 = \underline{}$

$49 - 4 = \underline{}$

$59 - 4 = \underline{}$

$69 - 4 = \underline{}$

$79 - 4 = \underline{}$

2)
$29 - 2 = \underline{}$

$28 - 2 = \underline{}$

$27 - 2 = \underline{}$

$26 - 2 = \underline{}$

$25 - 2 = \underline{}$

$24 - 2 = \underline{}$

$23 - 2 = \underline{}$

2 그림을 보고 뺄셈을 해 보세요.

1)
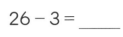
$26 - 3 = \underline{}$

$26 - 4 = \underline{}$

$26 - 5 = \underline{}$

2)

$39 - 7 = \underline{}$

$39 - 6 = \underline{}$

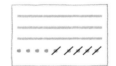
$39 - 5 = \underline{}$

3
1)
40 ～ 50

$47 - 3 = \underline{\mathbf{44}}$

$47 - 4 = \underline{}$

$47 - 5 = \underline{}$

2)
70 ～ 80

$76 - 4 = \underline{}$

$76 - 3 = \underline{}$

$76 - 2 = \underline{}$

4
1)
$66 - 2 = \underline{}$

$56 - 2 = \underline{}$

$46 - 2 = \underline{}$

$36 - 2 = \underline{}$

2)
$93 - 3 = \underline{}$

$94 - 3 = \underline{}$

$95 - 3 = \underline{}$

$96 - 3 = \underline{}$

5 첫 번째 수와 두 번째 수는 각각 규칙을 가지고 있어요. 규칙에 맞지 않는 식을 찾아 바르게 고쳐 보세요.

1)
$38 - 4 = 34$
$38 - 3 = 35$
$38 - \cancel{4}\;_2 = 34$
$38 - 1 = 37$

2)
$59 - 1 = 58$
$59 - 3 = 56$
$59 - 5 = 54$
$59 - 6 = 53$

3)
$82 - 1 = 81$
$84 - 1 = 83$
$86 - 3 = 83$
$88 - 4 = 84$

4)
$48 - 2 = 46$
$47 - 2 = 45$
$46 - 3 = 43$
$45 - 4 = 41$

1 ◯ 안에 >, =, <를 알맞게 써넣으세요.

1)
36 − 4 ◯ 33
37 − 2 ◯ 33
38 − 5 ◯ 33

2)
72 ◯ 78 − 5
72 ◯ 79 − 7
72 ◯ 75 − 1

3)
45 − 2 ◯ 42
28 − 5 ◯ 22
85 − 4 ◯ 83

4)
56 ◯ 58 − 2
60 ◯ 66 − 5
92 ◯ 93 − 1

2 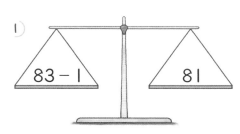 ◯ 안에 >, =, <를 알맞게 써넣어 봐!

1)
75 − 4 ◯ 74 − 1
85 − 2 ◯ 87 − 3
98 − 3 ◯ 96 − 2

2)
37 − 4 ◯ 35 − 2
29 − 4 ◯ 25 − 3
74 − 1 ◯ 77 − 3

3)
53 − 3 ◯ 52 − 1
44 − 1 ◯ 47 − 6
67 − 4 ◯ 65 − 2

3 저울은 수가 큰 쪽으로 기울어져요. 기울어지는 쪽에 ◯표 하세요.

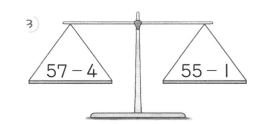

1) 83 − 1   81
2) 66 − 4   65
3) 57 − 4   55 − 1

4 두 수의 차가 더 작은 것에 색칠해 보세요.

1)
44와 2
48과 3

2)
67과 5
64와 1

3)
87과 2
89와 8

4)
28과 1
29와 3

5 차가 큰 것부터 차례대로 1, 2, 3, 4를 써넣으세요.

1)

75 − 5   78 − 3   79 − 1   74 − 2

2)

58 − 1   57 − 2   59 − 8   56 − 4

받아내림이 없는 (몇십) - (몇십)의 이해

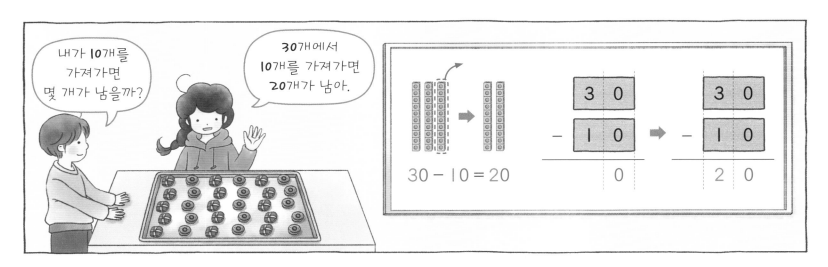

1 그림을 보고 뺄셈을 해 보세요.

1)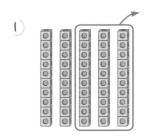

50 - 30 = _____

2)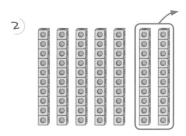

70 - 20 = _____

3)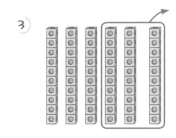

60 - 30 = _____

4)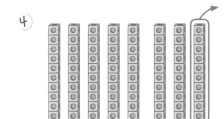

80 - 10 = _____

2 1) ○○○○ 🫘은 🫘보다 몇 개 더 많을까?

40 - _____ = _____

2) ○○○○ 📌은 📌보다 몇 개 더 많을까?

50 - _____ = _____

3 그림을 보고 뺄셈식을 완성해 보세요.

1)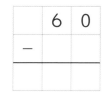

	6	0
−		

2)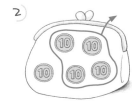

	5	0
−		

3)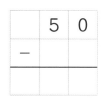

−		

받아내림이 없는 (몇십) - (몇십)의 이해

4. 그림을 보고 알맞은 뺄셈식을 써 보세요.

1)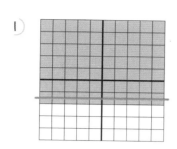

$70 - 10 =$

2)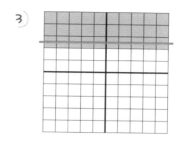

3)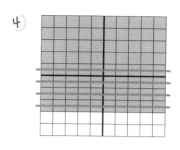

4)

5. 뺄셈식에 맞게 동전을 /으로 지워서 계산해 보세요.

1)

$60 - 40 = \underline{\quad}$

2)

$80 - 50 = \underline{\quad}$

3)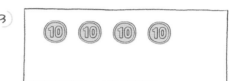

$40 - 30 = \underline{\quad}$

6. 뺄셈식에 맞게 그림을 그리고 /으로 지워서 뺄셈을 해 보세요.

1)

$70 - 40 = \underline{\quad}$

2)

$80 - 20 = \underline{\quad}$

3)

$60 - 50 = \underline{\quad}$

4)

$90 - 30 = \underline{\quad}$

7. 관계있는 것끼리 선으로 잇고 ●을 ── 으로 지워서 뺄셈을 해 보세요.

$$\begin{array}{r} 3\ 0 \\ -\ 2\ 0 \\ \hline \end{array} \qquad \begin{array}{r} 7\ 0 \\ -\ 5\ 0 \\ \hline \end{array} \qquad \begin{array}{r} 8\ 0 \\ -\ 3\ 0 \\ \hline \end{array} \qquad \begin{array}{r} 5\ 0 \\ -\ 1\ 0 \\ \hline \end{array}$$

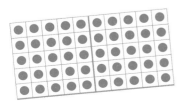

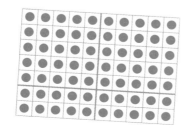

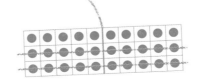

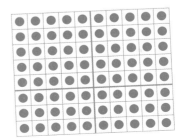

받아내림이 없는 (몇십)−(몇십)

1 뺄셈을 해 보세요.

①

	6	0
−	4	0

②

	7	0
−	1	0

2 두 수의 차를 세로로 계산해 보세요.

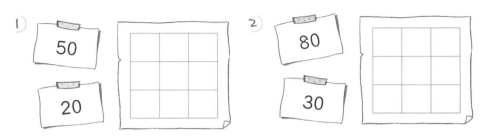

3 뺄셈식을 바르게 나타낸 것을 찾아 ✓표 하고 계산해 보세요.

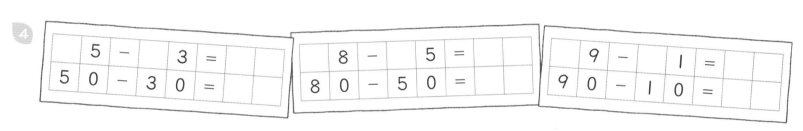

① 60 − 50

☐
	6	0
−		5

☐
	6	0
−	5	0

② 70 − 30

☐
	7
−	3

☐
	7	0
−	3	0

③ 40 − 10

☐
	4	0
−	1	0

☐
	1	0
−	4	0

4

5 − 3 =
5 0 − 3 0 =

8 − 5 =
8 0 − 5 0 =

9 − 1 =
9 0 − 1 0 =

5 관계있는 식끼리 같은 색으로 칠하고 뺄셈을 해 보세요.

9 − 4 = _____

7 − 5 = _____

60 − 30 = _____

6 − 3 = _____

90 − 40 = _____

70 − 50 = _____

6 뺄셈을 하여 알맞은 글자를 써 보세요.

자 80 − 10 _____   수 90 − 50 _____

나 70 − 20 _____   야 70 − 40 _____

학 90 − 70 _____   는 80 − 20 _____

50	60	30	40	20	70

7 수 카드를 한 번씩 사용하여 차가 40이 되는 뺄셈식 2개를 만들어 보세요.

20 80 40 60

☐ − ☐ = 40

☐ − ☐ = 40

받아내림이 없는 (몇십)-(몇십)

8 관계있는 것끼리 선으로 잇고 빈칸에 알맞은 수를 써넣으세요.

펭귄 30마리 중에서 10마리는 물 속에 있어요. 물 밖에 있는 펭귄은 몇 마리일까요?

$30 - 10 =$ _____

남은 무당벌레는 _____ 마리예요.

무당벌레가 30마리 있었는데 20마리가 날아갔어요. 남은 무당벌레는 몇 마리일까요?

$90 - 60 =$ _____

남은 얼음은 _____ 조각이에요.

세윤이는 줄넘기를 50번 했고 동생은 10번 했어요. 세윤이는 동생보다 줄넘기를 몇 번 더 많이 했을까요?

$30 - 20 =$ _____

물 밖에 있는 펭귄은 _____ 마리예요.

얼음이 90조각 있었는데 60조각이 녹아 없어졌어요. 남은 얼음은 몇 조각일까요?

$50 - 10 =$ _____

세윤이는 동생보다 _____ 번 더 많이 했어요.

9

> \>, =, \<를 알맞게 써넣어 봐.

1) $60 - 40 \bigcirc 10$

$50 - 10 \bigcirc 30$

$40 - 20 \bigcirc 50$

$80 - 40 \bigcirc 70$

2) $60 \bigcirc 70 - 20$

$30 \bigcirc 90 - 40$

$80 \bigcirc 90 - 10$

$40 \bigcirc 80 - 30$

3) $50 - 30 \bigcirc 70 - 40$

$80 - 20 \bigcirc 90 - 30$

$70 - 60 \bigcirc 40 - 10$

$90 - 20 \bigcirc 60 - 30$

10 두 수의 차가 더 작은 것에 색칠해 보세요.

1)
50과 20

80과 70

2)
70과 30

90과 60

3)
80과 60

60과 10

4)
70과 10

60과 20

받아내림이 없는 (몇십몇)−(몇십)의 이해

색연필 32자루 중에서 10자루씩 2묶음을 가져갈 거야.

남은 색연필은 10자루씩 1묶음과 낱개 2자루이니까 12자루야.

32 − 20 = 12

1 그림을 보고 뺄셈을 해 보세요.

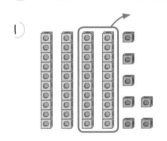

1) 47 − 20 = ____

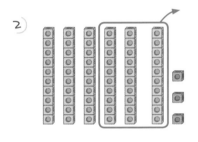

2) 63 − 30 = ____

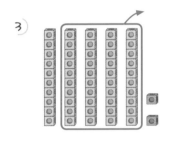

3) 52 − 40 = ____

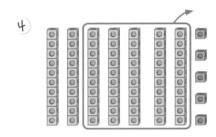

4) 75 − 50 = ____

2 그림을 보고 뺄셈식을 완성해 보세요.

이 보다 몇 개 더 많을까?

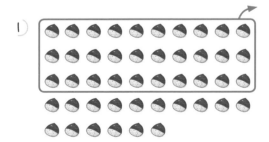

1) 46 − ____ = ____

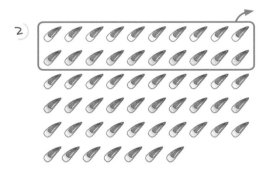

2) 57 − ____ = ____

3) 25 − ____ = ____

3

1) 59 − **20** = ____

2) 34 − ____ = ____

3) 76 − ____ = ____

4) 83 − ____ = ____

받아내림이 없는 (몇십몇)-(몇십)의 이해

4 뺄셈식에 맞게 /으로 지워서 계산해 보세요.

1)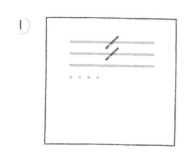

34 - 20 = ____

2)

56 - 30 = ____

3)

68 - 50 = ____

4)

42 - 40 = ____

5 관계있는 것끼리 선으로 잇고 색칠한 칸을 ──으로 지워서 뺄셈을 해 보세요.

| 45 - 30 = ____ | 58 - 20 = ____ | 33 - 10 = ____ | 86 - 40 = ____ |

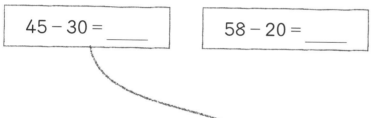

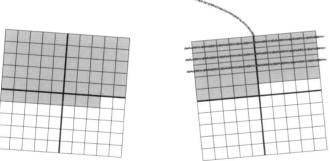

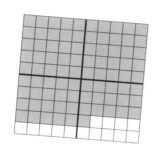

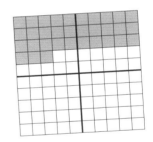

6

1)
```
    7 2
 -  3 0
```

2)
```
    4 1
 -  2 0
```

3)
```
    6 9
 -  6 0
```

4)
```
    8 3
 -  2 0
```

5)
```
    9 8
 -  4 0
```

7 뺄셈식을 바르게 나타낸 것을 찾아 ☑표 하고 계산해 보세요.

1) 43 - 20

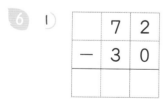

☐
```
   4 3
 -   2
```
☐
```
   4 3
 - 2 0
```
☐
```
   2 0
 - 4 3
```

2) 59 - 50

☐
```
   5 9
 - 5 5
```
☐
```
   5 9
 -   5
```
☐
```
   5 9
 - 5 0
```

55

받아내림이 없는 (몇십몇)-(몇십)

1 두 수의 차를 세로로 계산해 보세요.

1)

```
    8 9
  - 4 0
```

2)

3)

2 뺄셈을 하여 차가 큰 것부터 차례대로 글자를 쓰고, 완성된 물음에 답하세요.

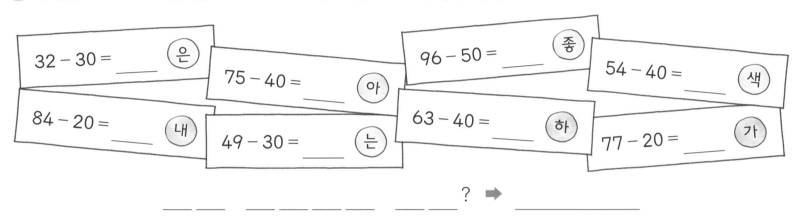

32 - 30 = _____ 은

75 - 40 = _____ 아

96 - 50 = _____ 좋

54 - 40 = _____ 색

84 - 20 = _____ 내

49 - 30 = _____ 는

63 - 40 = _____ 하

77 - 20 = _____ 가

? ➡ _____

3 같은 수를 나타내는 것끼리 선으로 잇고, 남은 수에 ×표 하세요.

 65   16   45   55   36   26

 75 - 30    95 - 30   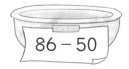 86 - 50   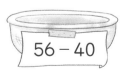 56 - 40

4 친구들이 말하는 것을 식으로 나타내고 계산 결과를 구해 보세요.

1) 52보다 20 작은 수

2)  45와 30의 차

3) 10개씩 9묶음과 낱개 7개에서 50을 뺀 수

_____   _____   _____

받아내림이 없는 (몇십몇) – (몇십)

5 같은 모양에 적힌 수의 차를 구해 보세요.

6 계산 결과가 같은 것끼리 선으로 이어 보세요.

42 – 20	72 – 30
53 – 50	93 – 60
43 – 10	32 – 10
82 – 40	73 – 70

7 1)

–	66	75	92	83
20				
50	16			

83-20

2)

–	51	46	79	87
40				
10				

8 1) 공원에 있던 비둘기 42마리 중에서 30마리가 날아갔어요. 남아 있는 비둘기는 몇 마리일까요?

식 _____ 답 _____ 마리

2) 1학년 학생 94명이 체험 학습을 갔어요. 그 중 남학생이 50명이면 여학생은 몇 명일까요?

식 _____ 답 _____ 명

9 친구들의 동전 지갑을 보고 물음에 답하세요.

1) 민준이는 수지보다 얼마를 더 많이 가지고 있을까요?

식 _____ 답 _____ 원

2) 연아는 은서보다 얼마를 더 많이 가지고 있을까요?

식 _____ 답 _____ 원

3) 돈이 가장 많은 친구는 가장 적은 친구보다 얼마를 더 많이 가지고 있을까요?

식 _____ 답 _____ 원

받아내림이 없는 (몇십몇)-(몇십)

1 관계있는 식끼리 선으로 잇고 뺄셈을 해 보세요.

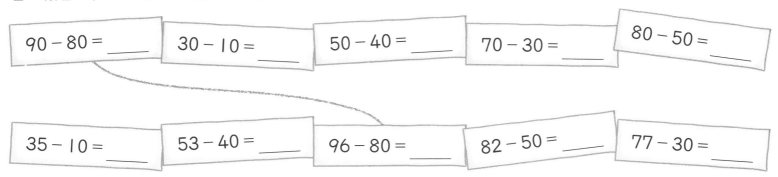

90 − 80 = _____   30 − 10 = _____   50 − 40 = _____   70 − 30 = _____   80 − 50 = _____

35 − 10 = _____   53 − 40 = _____   96 − 80 = _____   82 − 50 = _____   77 − 30 = _____

2 관계있는 식끼리 같은 색으로 칠하고 뺄셈을 해 보세요.

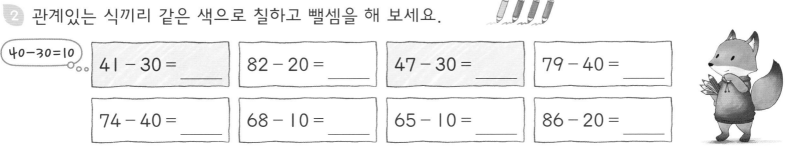

40−30=10

41 − 30 = _____   82 − 20 = _____   47 − 30 = _____   79 − 40 = _____

74 − 40 = _____   68 − 10 = _____   65 − 10 = _____   86 − 20 = _____

3 뺄셈을 하고 알맞은 말에 ☑표 하세요.

1)
20 − 10 = _____
30 − 20 = _____
40 − 30 = _____
50 − 40 = _____

☐ 규칙이 있어요.
☐ 규칙이 없어요.

2)
80 − 20 = _____
80 − 40 = _____
80 − 60 = _____
80 − 70 = _____

☐ 규칙이 있어요.
☐ 규칙이 없어요.

3)
56 − 40 = _____
46 − 30 = _____
36 − 20 = _____
26 − 20 = _____

☐ 규칙이 있어요.
☐ 규칙이 없어요.

4)
43 − 30 = _____
53 − 30 = _____
63 − 30 = _____
73 − 30 = _____

☐ 규칙이 있어요.
☐ 규칙이 없어요.

4 첫 번째 수와 두 번째 수는 각각 규칙을 갖고 있어요. 규칙에 맞지 않는 식을 찾아 바르게 고치고 뺄셈을 해 보세요.

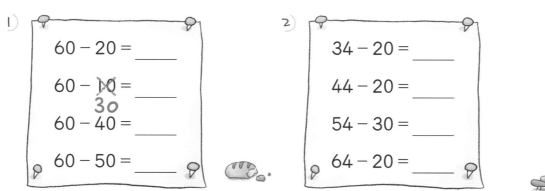

1)
60 − 20 = _____
60 − ~~10~~ = _____
　　　30
60 − 40 = _____
60 − 50 = _____

2)
34 − 20 = _____
44 − 20 = _____
54 − 30 = _____
64 − 20 = _____

3)
97 − 30 = _____
97 − 50 = _____
97 − 60 = _____
97 − 70 = _____

5 규칙을 찾아 빈칸에 알맞은 수를 써넣고 물음에 답하세요.

1)
70 − 50 = ____
70 − 40 = ____
70 − 30 = ____
____ − ____ = ____

2)
94 − 20 = ____
74 − 20 = ____
54 − 20 = ____
____ − ____ = ____

3)
55 − 20 = ____
65 − 30 = ____
75 − 40 = ____
____ − ____ = ____

4)
50 − 40 = ____
60 − 30 = ____
70 − 20 = ____
____ − ____ = ____

ㄴ) 1 ~ 4 중에서 친구들이 이야기하는 것을 찾아 ☐ 안에 써 보세요.

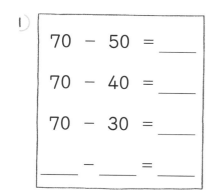
"첫 번째 수는 10씩 커지고,
두 번째 수는 10씩 작아져요.
그래서 계산 결과는 20씩 커져요."

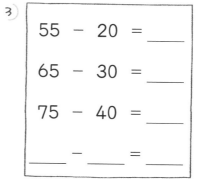
"첫 번째 수는 20씩 작아지고,
두 번째 수는 항상 같아요.
그래서 계산 결과는 20씩 작아져요."

6 ◯ 안에 >, =, <를 알맞게 써넣으세요.

1)
47 − 10 ◯ 27
56 − 30 ◯ 27
77 − 50 ◯ 27

2)
53 ◯ 63 − 10
53 ◯ 78 − 20
53 ◯ 87 − 40

3)
53 − 20 ◯ 20
76 − 30 ◯ 46
54 − 10 ◯ 40

4)
36 ◯ 71 − 40
45 ◯ 84 − 30
21 ◯ 32 − 10

7 (>, =, <)
1) 52 − 40 ◯ 64 − 50
2) 79 − 30 ◯ 51 − 10
3) 85 − 40 ◯ 75 − 30
4) 37 − 10 ◯ 97 − 80
5) 58 − 30 ◯ 62 − 30
6) 46 − 40 ◯ 59 − 50

8 ▨ 안에 알맞은 숫자를 써넣으세요.

1)
```
  ▨ 7
− 2 0
─────
  6 ▨
```

2)
```
  6 ▨
− ▨ 0
─────
  3 4
```

3)
```
  ▨ 5
− 4 ▨
─────
  5 5
```

4)
```
  ▨ 8
− 1 0
─────
  7 ▨
```

5)
```
  5 ▨
− 2 0
─────
  ▨ 1
```

받아내림이 없는 (몇십몇)−(몇십몇)의 이해

하늘색 구슬은 38개야.

분홍색 구슬은 13개야.

두 구슬의 수를 비교해 보면 하늘색 구슬이 분홍색 구슬보다 25개 더 많아.

38 − 13 = 25

1 그림을 보고 뺄셈을 해 보세요.

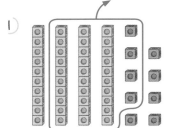

49 − 34 = _____

25 − 15 = _____

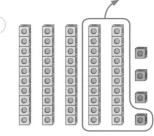

54 − 21 = _____

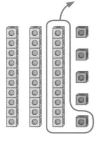

35 − 11 = _____

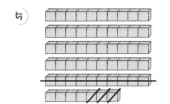

$$\begin{array}{r} 5\ 7 \\ -\ 1\ 3 \\ \hline \end{array}$$

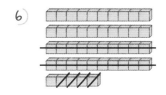

$$\begin{array}{r} 4\ 5 \\ -\ 2\ 4 \\ \hline \end{array}$$

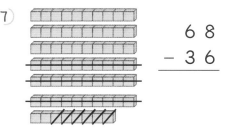

$$\begin{array}{r} 6\ 8 \\ -\ 3\ 6 \\ \hline \end{array}$$

2 그림을 보고 알맞은 뺄셈식을 써 보세요.

| 4 | 6 | − | 2 | 2 | = | | |

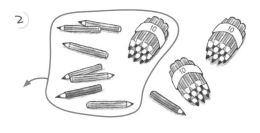

| | | − | | | = | | |

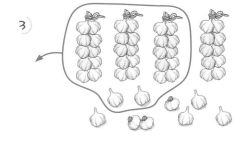

| | | − | | | = | | |

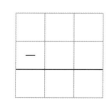

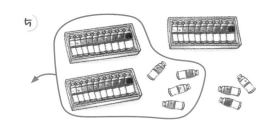

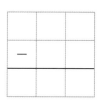

받아내림이 없는 (몇십몇)−(몇십몇)의 이해

3 알맞게 지워서 뺄셈을 해 보세요.

1)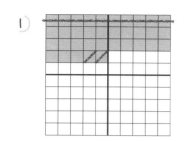

$35 - 12 =$ _____

2)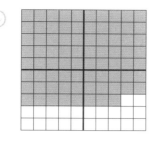

$78 - 21 =$ _____

3)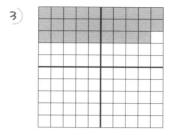

$29 - 14 =$ _____

4)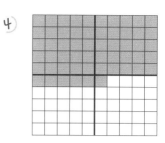

$56 - 54 =$ _____

4 1)

_____ − _____ = _____

2)

_____ − _____ = _____

3)

_____ − _____ = _____

4)

_____ − _____ = _____

5 뺄셈식에 맞게 /으로 지워서 계산해 보세요.

1)

$43 - 21 =$ _____

2)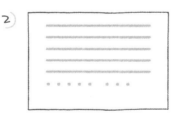

$58 - 26 =$ _____

3)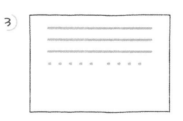

$39 - 14 =$ _____

4)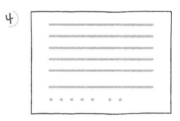

$67 - 53 =$ _____

6 빨간색 구슬은 노란색 구슬보다 몇 개 더 많을까요?

1)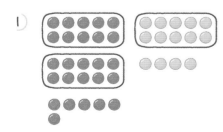

$26 - 14 =$ _____

_____ 개 더 많습니다.

2)

_____ − _____ = _____

_____ 개 더 많습니다.

3)

_____ − _____ = _____

_____ 개 더 많습니다.

받아내림이 없는 (몇십몇)-(몇십몇)

1 뺄셈식을 바르게 나타낸 것을 찾아 ☑표 하고 계산해 보세요.

1) 55 - 43

☐
```
  5 5
- 4 3
```
☐
```
  5 5
- 3 4
```

2) 68 - 27

☐
```
  8 6
- 2 7
```
☐
```
  6 8
- 2 7
```

3) 49 - 16

☐
```
  1 6
- 4 9
```
☐
```
  4 9
- 1 6
```

2 두 수의 차를 세로로 계산해 보세요.

1)
```
  6 7
- 1 5
```

2)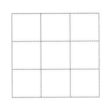

3)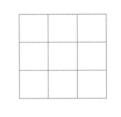

3 계산 결과를 찾아 선으로 이어 보세요.

| 34 - 12 | 89 - 52 | 27 - 13 | 74 - 33 | 65 - 12 |

| 14 | 22 | 53 | 37 | 41 |

4 계산 결과가 ☐ 안의 수와 같은 식을 찾아 ☑표 하세요.

1) **34**

☐ 69 - 25 = ____
☐ 55 - 12 = ____
☐ 75 - 21 = ____
☐ 87 - 53 = ____

2) **52**

☐ 84 - 22 = ____
☐ 89 - 37 = ____
☐ 79 - 17 = ____
☐ 96 - 54 = ____

3) **16**

☐ 37 - 21 = ____
☐ 48 - 12 = ____
☐ 98 - 72 = ____
☐ 59 - 34 = ____

4) **23**

☐ 96 - 63 = ____
☐ 85 - 42 = ____
☐ 36 - 13 = ____
☐ 78 - 64 = ____

받아내림이 없는 (몇십몇)−(몇십몇)

5 뺄셈을 하여 알맞은 글자를 써 보세요.

(한) 76 − 34　(케) 48 − 11　(달) 85 − 24

(크) 49 − 25　(콤) 96 − 43　(이) 68 − 42

61	53	42	37	26	24

6 친구들이 말하는 수는 무엇일까요?

1) 63에서 41을 뺀 수　_____

2) 56과 13의 차　_____

3) 94보다 23 작은 수　_____

4) 32와 79의 차　_____

7 계산 결과를 그림에서 찾아 차례대로 점을 이어 보세요.

1) 93 − 72 = ____　　2) 93 − 41 = ____

3) 93 − 63 = ____　　4) 93 − 80 = ____

5) 68 − 28 = ____　　6) 68 − 43 = ____

7) 68 − 32 = ____　　8) 68 − 57 = ____

9) 45 − 31 = ____　　10) 45 − 42 = ____

11) 45 − 14 = ____　　12) 45 − 23 = ____

8 알맞은 색으로 칠해 보세요.

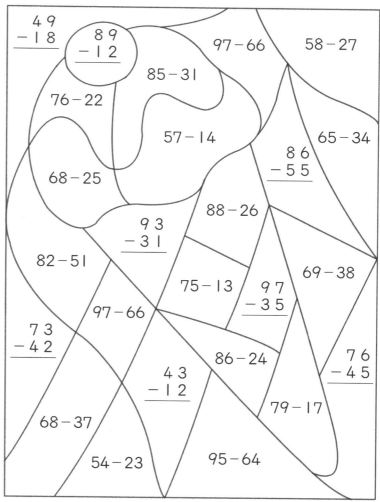

받아내림이 없는 (몇십몇)-(몇십몇)

1. 같은 수를 나타내는 것끼리 선으로 잇고, 남은 수에 ×표 하세요.

 22   23   63   62   56   46

 84 − 21  59 − 13   65 − 42  76 − 14

2. 같은 모양에 적힌 수의 차를 구해 보세요.

1)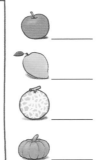

23 13 43 33 57 12 24 68

2)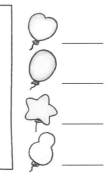

44 99 32 55 56 28 77 14

3.

1)

−	76	89	58
46			
24			
35			

2)

−	96	77	85
42			
65			
23			

3)

−	88	97	69
35			
41			
52			

4. 뺄셈표에서 잘못 계산한 부분을 모두 찾아 ×표 하고 바르게 계산해 보세요.

1)

−	68	78	98
22	46	46	76
31	37	47	57
54	3̶4̶	24	44

68−54=14

2)

−	94	86	79
61	35	25	18
53	41	43	26
42	52	44	27

받아내림이 없는 (몇십몇)-(몇십몇)

5 차가 같은 것끼리 이어 보세요.

| 64 - 32 | 57 - 36 | 25 - 11 | 79 - 22 | 94 - 31 | 59 - 18 |

| 49 - 35 | 75 - 43 | 75 - 12 | 83 - 62 | 98 - 41 | 52 - 11 |

6 계산 결과가 적힌 칸을 모두 색칠해 보세요.

78 - 15 = ____   85 - 43 = ____   97 - 11 = ____

45 - 33 = ____   76 - 33 = ____   59 - 34 = ____

96 - 22 = ____   34 - 13 = ____

32	63	42	43	75
15	21	55	12	5
35	57	76	25	85
70	45	82	74	40
10	60	30	86	80

내가 좋아하는 숫자를 맞혀 봐!

7 가장 큰 수와 가장 작은 수의 차를 구해 보세요.

1) 32 96 88 57

____ - ____ = ____

2) 45 78 57 26

____ - ____ = ____

3) 14 47 53 85

____ - ____ = ____

8 차가 ◯ 안의 수가 되는 두 수를 찾아 색칠하고 뺄셈식으로 나타내어 보세요.

1)

42
75 52 33 23

75-33= ____

2)
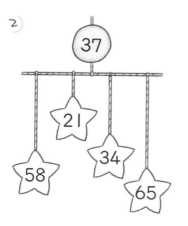
37
21 34 58 65

____

3)
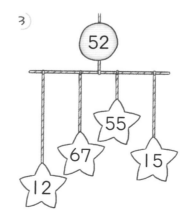
52
55 67 15 12

____

4)
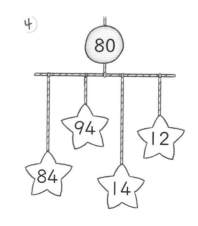
80
94 12 84 14

____

1 빈칸에 알맞은 수를 써넣으세요.

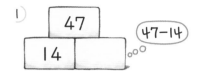 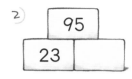 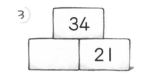 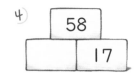 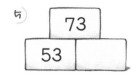

2 두 수의 차가 ◯ 안의 수가 되는 카드 2장을 찾아 같은 색으로 칠해 보세요.

| 32 | 46 | 12 |
| 22 | 55 | 84 |

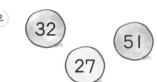
| 18 | 69 | 56 |
| 24 | 21 | 48 |

3 관계있는 것끼리 선으로 잇고 빈칸에 알맞은 수를 써넣으세요.

푸딩이 58개 있었는데 27개를 먹었어요. 남은 푸딩은 몇 개일까요?

빨간 구슬이 34개, 노란 구슬이 11개 있어요. 빨간 구슬은 노란 구슬보다 몇 개 더 많을까요?

전구 25개 중에서 13개에 불이 켜졌어요. 불이 켜지지 않은 전구는 몇 개일까요?

동그란 쿠키가 76개, 네모난 쿠키가 42개 있어요. 동그란 쿠키는 네모난 쿠키보다 몇 개 더 많을까요?

25 − 13 = _____

58 − 27 = _____

76 − 42 = _____

34 − 11 = _____

불이 켜지지 않은 전구는 _____개예요.

동그란 쿠키가 _____개 더 많아요.

빨간 구슬이 _____개 더 많아요.

남은 푸딩은 _____개예요.

4 알맞은 뺄셈식을 쓰고 답을 구해 보세요.

1)

오늘은 29일이에요. 12일 전은 며칠이었을까요?

식 _____ 답 _____일

2)

단풍잎 63장 중에서 21장이 떨어졌어요. 남은 단풍잎은 몇 장일까요?

식 _____ 답 _____장

5 만들 수 있는 뺄셈식을 모두 쓰고 계산해 보세요.

1) 94 45 ─ 31 23 14

_____   _____

_____   _____

_____   _____

2) 59 86 ─ 25 43 36

_____   _____

_____   _____

_____   _____

6

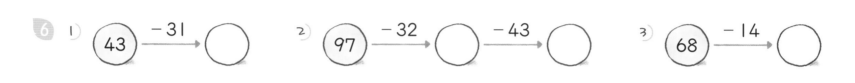

1) 43 ─31 → ◯

2) 97 ─32 → ◯ ─43 → ◯

3) 68 ─14 → ◯

7 두 수의 차가 ◯ 안의 수가 되도록 선으로 이어 보세요.

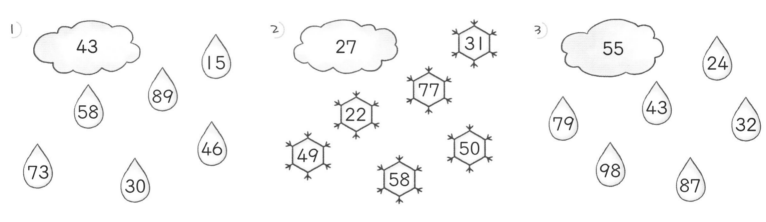

1) 43   15   89   58   46   73   30

2) 27   31   77   22   49   58   50

3) 55   24   43   79   32   98   87

8 주어진 식에 맞는 내용을 찾아 ☑표 하고 답을 구해 보세요.

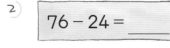

1) 38 - 17 = _____

☐ 책이 38권 있었는데 17권을 더 샀어요.

☐ 책 38권 중에서 17권을 동생에게 주었어요.

☐ 책이 38권 있었는데 친구에게 몇 권을 빌려주었어요.

2) 76 - 24 = _____

☐ 사탕이 76개 있었는데 24개를 더 받았어요.

☐ 사탕 76개를 22명에게 2개씩 나누어 주었어요.

☐ 사탕 76개 중에서 24개를 먹었어요.

받아내림이 없는 (몇십몇)-(몇십몇)의 활용

1 그림을 보고 뺄셈을 해 보세요.

1) 주차장에 자동차를 몇 대 더 주차할 수 있을지 ☐을 색칠하고 알맞게 지워서 계산해 보세요.

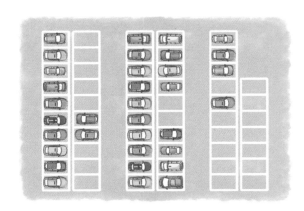

전체 칸의 수만큼 색칠하고 주차된 자동차의 수만큼 지워 봐.

식 _____ 답 _____대

2) 주차장에 자동차를 몇 대 더 주차할 수 있을까요?

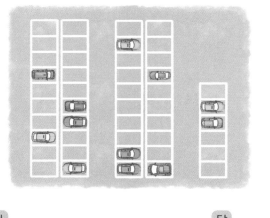

식 _____ 답 _____대

3) 주차장에 있는 빨간 자동차는 파란 자동차보다 몇 대 더 많을까요?

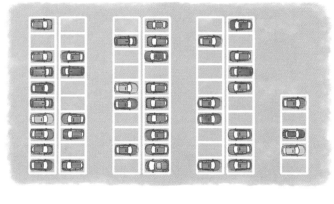

식 _____ 답 _____대

2 그림을 보고 뺄셈을 해 보세요.

1) 노란 구슬은 빨간 구슬보다 몇 개 더 많을까요?

식 _____ 답 _____개

2) 빨간 구슬은 파란 구슬보다 몇 개 더 많을까요?

식 _____ 답 _____개

받아내림이 없는 (몇십몇)−(몇십몇)의 활용

3 준비물을 확인하고 물음에 답하세요.

준비물

나뭇잎 27장
병뚜껑 35개

1) 집에 있는 병뚜껑을 세어 보니 모두 23개예요. 병뚜껑 몇 개를 더 모아야 할까요?

식 ＿＿＿＿＿＿＿＿ 답 ＿＿＿개

2) 나뭇잎 14장이 있다면 몇 장을 더 주워야 할까요?

식 ＿＿＿＿＿＿＿＿ 답 ＿＿＿장

4 1) 소율이와 지민이가 줄넘기를 했어요. 소율이가 45번, 지민이가 21번을 했다면 누가 몇 번 더 많이 했을까요? 뺄셈식을 쓰고 답을 구해 보세요.

식 ＿＿＿＿＿＿＿＿＿＿＿＿

답 ＿＿＿이가 ＿＿＿번 더 많이 했어요.

2) 현우는 누나와 함께 밤을 주웠어요. 현우가 34개, 누나가 86개를 주웠다면 누가 몇 개 더 많이 주웠을까요? 뺄셈식을 쓰고 답을 구해 보세요.

식 ＿＿＿＿＿＿＿＿＿＿＿＿

답 ＿＿＿가 ＿＿＿개 더 주웠어요.

5 찢어진 부분에 알맞은 숫자를 써넣으세요.

1)
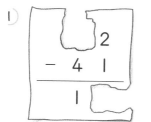
$$\begin{array}{r} 2 \\ -\ 4\ 1 \\ \hline 1 \end{array}$$

2)
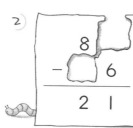
$$\begin{array}{r} 8 \\ -\ \ 6 \\ \hline 2\ 1 \end{array}$$

3)
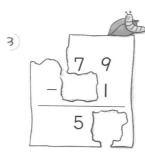
$$\begin{array}{r} 7\ 9 \\ -\ \ 1 \\ \hline 5 \end{array}$$

4)
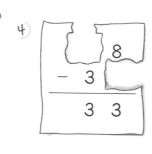
$$\begin{array}{r} 8 \\ -\ 3 \\ \hline 3\ 3 \end{array}$$

5)
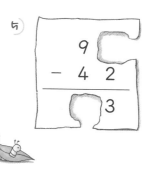
$$\begin{array}{r} 9 \\ -\ 4\ 2 \\ \hline 3 \end{array}$$

6 수 카드를 색깔별로 하나씩 골라 뺄셈식을 만들고 계산해 보세요.

1) □ − □ = ＿＿＿ 2) □ − □ = ＿＿＿

3) □ − □ = ＿＿＿ 4) □ − □ = ＿＿＿

5) □ − □ = ＿＿＿ 6) □ − □ = ＿＿＿

여러 가지 방법으로 뺄셈하기

여러 가지 방법으로 뺄셈을 할 수 있어.

$47 - 12$

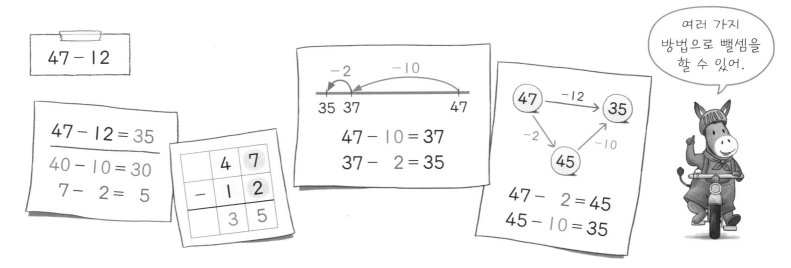

$47 - 12 = 35$
$40 - 10 = 30$
$7 - 2 = 5$

$47 - 10 = 37$
$37 - 2 = 35$

$47 - 2 = 45$
$45 - 10 = 35$

1 빈칸에 알맞은 수를 쓰고 뺄셈을 해 보세요.

10개씩 묶음끼리 빼고 낱개끼리 빼서 계산해 봐.

1)
$85 - 23 = \underline{}$
$80 - 20 = \underline{}$
$5 - \underline{3} = \underline{}$

2)
$38 - 14 = \underline{}$
$30 - \underline{} = \underline{}$
$\underline{} - \underline{} = \underline{}$

3)
$67 - 34 = \underline{}$
$60 - \underline{} = \underline{}$
$\underline{} - \underline{} = \underline{}$

2 알맞은 뺄셈식을 쓰고 계산해 보세요.

1)

	8	−		2	=		6
4	0	−	2	0	=	2	0
4	8	−	2	2	=		

2)

	3	−			=		
5	0	−			=		
5	3	−	3	1	=		

3)

		−			=		
		−			=		
9	6	−	4	2	=		

3
1)

	6	5
−	2	4

2)

	3	7
−	1	4

3)

	7	8
−	3	3

4)

	6	9
−	3	1

5)

	8	7
−	6	7

4
1) $49 - 12 = \underline{}$
2) $27 - 13 = \underline{}$
3) $59 - 23 = \underline{}$
4) $85 - 54 = \underline{}$

5) $76 - 31 = \underline{}$
6) $86 - 16 = \underline{}$
7) $75 - 11 = \underline{}$
8) $64 - 42 = \underline{}$

여러 가지 방법으로 뺄셈하기

5 빈칸에 알맞은 수를 써넣어 뺄셈을 해 보세요.

1) 57 − 31 = ____

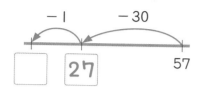

2) 74 − 42 = ____

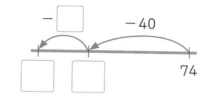

3) 68 − 25 = ____

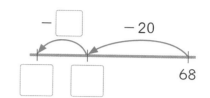

6 빈칸에 알맞은 수를 써넣으세요.

1)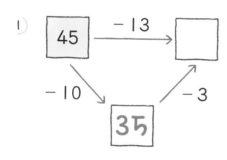

2)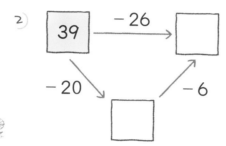

3)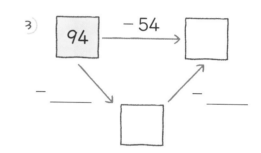

7 뺄셈을 해 보세요.

몇십을 먼저 빼고
몇을 빼 봐.

5	9	−	3	2	=		
5	9	−	3	0	=	2	9
2	9	−		2	=		

6	7	−	2	2	=		
6	7	−			=		
		−			=		

2	6	−	1	3	=		
		−			=		
		−			=		

9	5	−	6	5	=		
		−			=		
		−			=		

7	4	−	5	3	=		
		−			=		
		−			=		

8 1)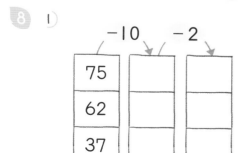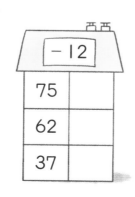

2)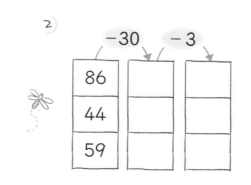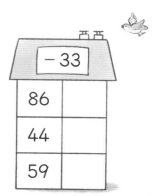

여러 가지 방법으로 뺄셈하기

1 빈칸에 알맞은 수를 써넣어 뺄셈을 해 보세요.

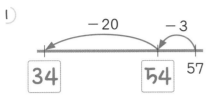

말풍선: 몇을 먼저 빼고 몇십을 빼서 계산해 봐.

1)

34　　54　57

$57 - 23 = \underline{\quad}$

$57 - 3 = \underline{\quad}$

$\underline{\quad} - 20 = \underline{\quad}$

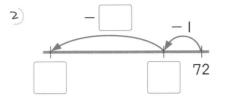

2)

□　72

$72 - 41 = \underline{\quad}$

$72 - \underline{\quad} = \underline{\quad}$

$\underline{\quad} - \underline{\quad} = \underline{\quad}$

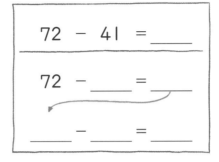

3)

□　46

$46 - 24 = \underline{\quad}$

$46 - \underline{\quad} = \underline{\quad}$

$\underline{\quad} - \underline{\quad} = \underline{\quad}$

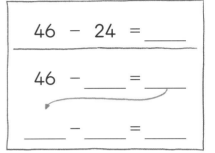

2

1)
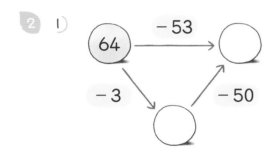

64 $\xrightarrow{-53}$ ○

-3　　-50

2)
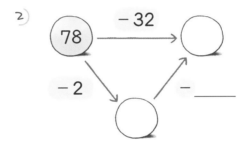

78 $\xrightarrow{-32}$ ○

-2　　$-\underline{\quad}$

3)
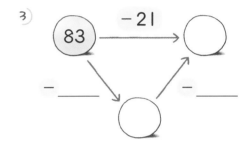

83 $\xrightarrow{-21}$ ○

$-\underline{\quad}$　　$-\underline{\quad}$

3

1)
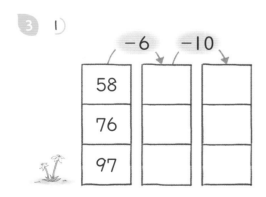

-6　-10

58		
76		
97		

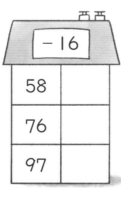

-16

58	
76	
97	

2)
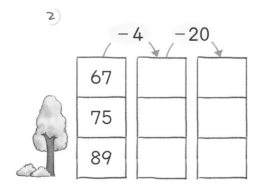

-4　-20

67		
75		
89		

-24

67	
75	
89	

4

1)
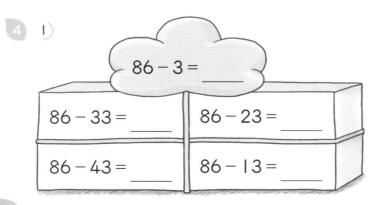

$86 - 3 = \underline{\quad}$

$86 - 33 = \underline{\quad}$　　$86 - 23 = \underline{\quad}$

$86 - 43 = \underline{\quad}$　　$86 - 13 = \underline{\quad}$

2)
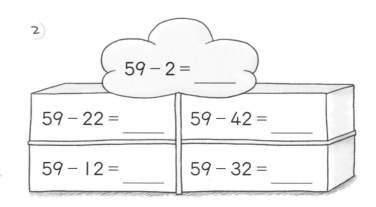

$59 - 2 = \underline{\quad}$

$59 - 22 = \underline{\quad}$　　$59 - 42 = \underline{\quad}$

$59 - 12 = \underline{\quad}$　　$59 - 32 = \underline{\quad}$

여러 가지 방법으로 뺄셈하기

5 57−23을 계산하는 여러 가지 방법에 대해 이야기하고 있어요. 관계있는 것끼리 선으로 잇고 빈칸에 알맞은 수를 써넣으세요.

 나는 10개씩 묶음끼리 빼고 낱개끼리 빼서 계산했어.

 나는 모형을 이용해서 계산했어.

 몇십을 먼저 빼고 몇을 빼서 계산했어.

 나는 몇을 먼저 빼고 몇십을 뺐어.

$57 - 23 = $ _____

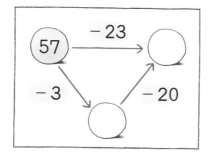

$57 - 23 = $ _____

$50 - 20 = $ _____

$7 - 3 = $ _____

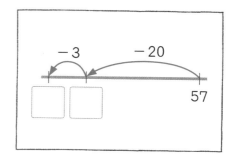

6 1) 49−26 을 계산하기 위해서 49−6을 먼저 계산했다면 어떤 계산을 더 해 주어야 할까요?

☐ − 2 ☐ − 20 ☐ − 6 ☐ − 60

2) 34−21 을 계산하기 위해서 34−20을 먼저 계산했다면 어떤 계산을 더 해 주어야 할까요?

☐ − 2 ☐ − 20 ☐ − 10 ☐ − 1

3) 57−13 을 계산하기 위해서 50−10을 먼저 계산했다면 어떤 계산을 더 해 주어야 할까요?

☐ + 7 ☐ − 4 ☐ + 4 ☐ − 3

4) 87−64 를 계산하기 위해서 7−4를 먼저 계산했다면 어떤 계산을 더 해 주어야 할까요?

☐ + 20 ☐ + 2 ☐ − 60 ☐ − 4

7 계산을 하고 어떻게 계산했는지 이야기해 보세요.

지호가 접은 종이학은 78개이고,
현서가 접은 종이학은 63개예요.
누가 몇 개 더 많이 접었을까요?

_____가 _____개 더 많이 접었어요.

규칙을 이용하여 뺄셈하기

1

1)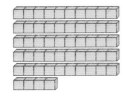

$54 - 20 =$ ____

$54 - 21 =$ ____

$54 - 22 =$ ____

$54 - 23 =$ ____

2)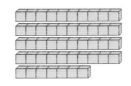

$47 - 30 =$ ____

$47 - 32 =$ ____

$47 - 34 =$ ____

$47 - 36 =$ ____

3)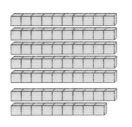

$69 - 29 =$ ____

$69 - 26 =$ ____

$69 - 23 =$ ____

$69 - 20 =$ ____

4)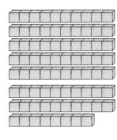

$78 - 40 =$ ____

$78 - 38 =$ ____

$78 - 36 =$ ____

$78 - 34 =$ ____

2 규칙을 찾아 빈칸에 알맞은 수를 써넣고 친구들이 이야기하는 것을 1) ~ 4) 중에서 찾아보세요.

1)

$58 - 16 =$ ____

$58 - 15 =$ ____

$58 - 14 =$ ____

____ $-$ ____ $=$ ____

2)

$79 - 23 =$ ____

$77 - 23 =$ ____

$75 - 23 =$ ____

____ $-$ ____ $=$ ____

3)

$24 - 12 =$ ____

$25 - 13 =$ ____

$26 - 14 =$ ____

____ $-$ ____ $=$ ____

4)

$95 - 35 =$ ____

$96 - 34 =$ ____

$97 - 33 =$ ____

____ $-$ ____ $=$ ____

5)  첫 번째 수는 1씩 커지고, 두 번째 수도 1씩 커져요. 그래서 계산 결과는 항상 같아요.

6) 첫 번째 수는 2씩 작아지고, 두 번째 수는 항상 같아요. 그래서 계산 결과는 2씩 작아져요.

3 첫 번째 수와 두 번째 수는 각각 규칙을 가지고 있어요. 규칙에 맞지 않는 식을 찾아 ⊠표 하고 바르게 고쳐 보세요.

1)
- [ ] $94 - 21 = 73$
- [ ] $94 - 41 = 53$
- [⊠] $94 - 51 = 43$
- [ ] $94 - 81 = 13$

$94 - 61 =$ ____

2)
- [ ] $67 - 15 = 52$
- [ ] $57 - 15 = 42$
- [ ] $47 - 15 = 32$
- [ ] $27 - 15 = 12$

____

3)
- [ ] $48 - 23 = 25$
- [ ] $48 - 22 = 26$
- [ ] $48 - 25 = 23$
- [ ] $48 - 26 = 22$

____

4)
- [ ] $56 - 24 = 32$
- [ ] $66 - 34 = 32$
- [ ] $76 - 24 = 52$
- [ ] $86 - 54 = 32$

____

1

1) 59 − 36 ◯(<) 25

85 − 43 ◯ 41

36 − 21 ◯ 15

97 − 32 ◯ 62

2) 28 ◯ 68 − 42

47 ◯ 76 − 31

50 ◯ 85 − 33

51 ◯ 98 − 47

3) 96 − 53 ◯ 74 − 31

39 − 14 ◯ 67 − 42

65 − 31 ◯ 57 − 21

58 − 12 ◯ 85 − 43

2 저울은 수가 큰 쪽으로 기울어져요. 기울어지는 쪽에 ◯표 하세요.

1)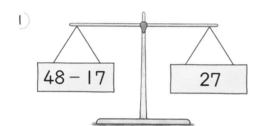

48 − 17   27

2)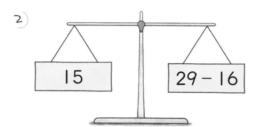

15   29 − 16

3)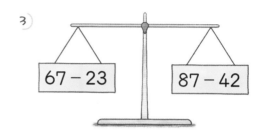

67 − 23   87 − 42

3 두 수의 차가 더 큰 것에 색칠해 보세요.

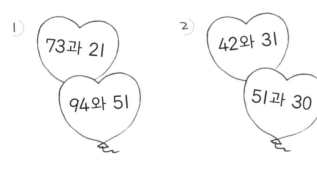

1) 73과 21 / 94와 51

2) 42와 31 / 51과 30

4 차가 가장 큰 것에 ◯표, 가장 작은 것에 △표 하세요.

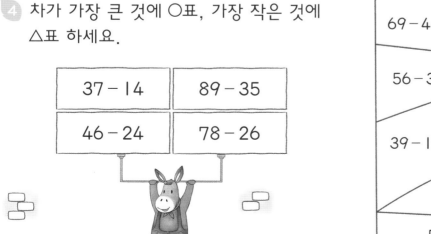

| 37 − 14 | 89 − 35 |
| 46 − 24 | 78 − 26 |

5 차가 40보다 큰 식을 모두 찾아 색칠해 보세요. 무엇이 보이나요?

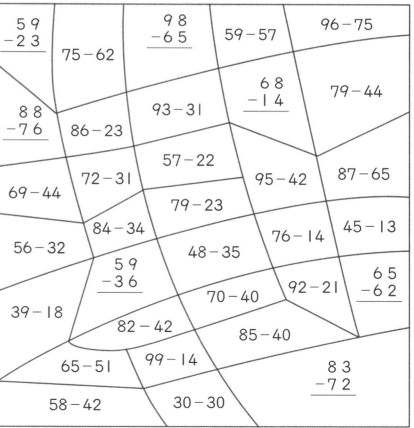

| 5 9 − 2 3 | 75 − 62 | 9 8 − 6 5 | 59 − 57 | 96 − 75 |

79 − 44

68 − 14

93 − 31

8 8 − 7 6   86 − 23

57 − 22

95 − 42   87 − 65

72 − 31

69 − 44

79 − 23

84 − 34

76 − 14   45 − 13

56 − 32

48 − 35

5 9 − 3 6

92 − 21   6 5 − 6 2

70 − 40

39 − 18

82 − 42

85 − 40

65 − 51   99 − 14

8 3 − 7 2

58 − 42   30 − 30

덧셈과 뺄셈

1 계산을 하고 계산 결과로 가장 많이 나온 수를 말한 친구를 찾아 ○표 하세요.

96 − 31 = _____   12 + 22 = _____   34 + 42 = _____

87 − 53 = _____   42 + 23 = _____   13 + 52 = _____

97 − 21 = _____   65 − 31 = _____   89 − 24 = _____

78 − 13 = _____   89 − 13 = _____   51 + 25 = _____

 34   65   76

2 계산 결과가 ○ 안의 수가 되는 식을 모두 찾아 선으로 이어 보세요.

1)

| 14 + 32 |
| 98 − 42 |
| 78 − 32 |
(46)
| 89 − 43 |
| 21 + 35 |
| 32 + 17 |

2)

| 67 − 14 |
| 51 + 12 |
| 97 − 34 |
| 99 − 46 |
(53)
| 42 + 22 |
| 32 + 21 |

3 계산을 하고 계산 결과를 그림에서 찾아 차례대로 점을 이어 보세요.

1)   3 8   2)   4 3   3)   2 2
    − 2 1   − 1 2   + 1 7

4)   6 2   5)   4 5   6)   8 5
    + 3 7   + 5 3   − 3 2

7)   7 8   8)   3 6   9)   9 8
    − 2 1   + 3 3   − 2 2

10)   7 5   11)   3 5   12)   4 2
    − 1 2   + 1 3   + 3 2

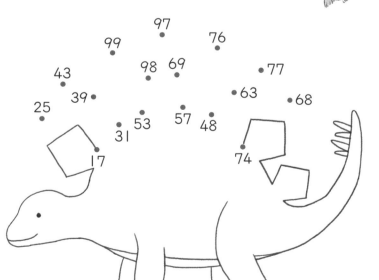

4 관계있는 것끼리 선으로 잇고 빈칸에 알맞은 수를 써넣으세요.

풍선 67개 중에서 34개가 터졌어요. 남은 풍선은 몇 개일까요?

농구공이 23개, 축구공이 15개 있어요. 공은 모두 몇 개일까요?

공원에 비둘기가 26마리 있었는데 32마리가 더 날아왔어요. 공원에 있는 비둘기는 모두 몇 마리일까요?

나비가 48마리, 잠자리가 14마리 있어요. 나비는 잠자리보다 몇 마리 더 많을까요?

26 + 32 = _____

67 − 34 = _____

48 − 14 = _____

23 + 15 = _____

남은 풍선은
_____ 개예요.

나비는 잠자리보다
_____ 마리 더 많아요.

공은 모두
_____ 개예요.

비둘기는 모두
_____ 마리예요.

5 알맞은 식을 찾아 ☑표 하고 계산해 보세요.

1) 노란 병아리가 54마리, 흰 병아리가 13마리 있어요. 병아리는 모두 몇 마리일까요?

☐ 54 − 13
☐ 54 + 13
☐ 54 + 10

_____ 마리

2) 아몬드 67개 중에서 23개를 먹었다면 남은 아몬드는 몇 개일까요?

☐ 67 − 23
☐ 67 + 23
☐ 67 − 20

_____ 개

6 1) 빨간색 젤리 23개와 노란색 젤리 16개가 있어요. 그중 젤리 14개를 먹는다면 남는 젤리는 몇 개일까요?

두 번 계산해야 답을 구할 수 있어.

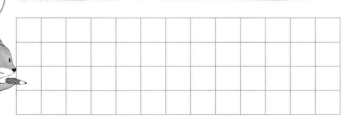

_____ 개

2) 꽃 48송이 중에서 12송이는 친구에게 주었고, 15송이는 시들어 버렸어요. 남은 꽃은 몇 송이일까요?

_____ 송이

덧셈과 뺄셈

1 계산 결과가 같은 것끼리 같은 색으로 칠하고, 남은 하나에 ✕표 하세요.

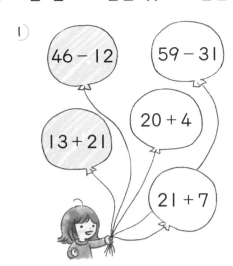
1) 46 − 12   59 − 31   13 + 21   20 + 4   21 + 7

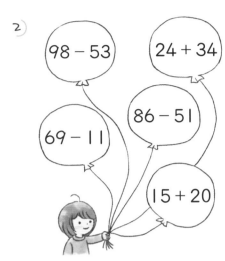
2) 98 − 53   24 + 34   69 − 11   86 − 51   15 + 20

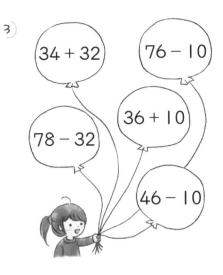
3) 34 + 32   76 − 10   78 − 32   36 + 10   46 − 10

2 계산 결과가 가장 큰 것에 ○표, 가장 작은 것에 △표 하세요.

1) 76 − 23   32 + 23   13 + 46

2) 12 + 54   79 − 11   34 + 31

3 계산을 하고 계산 결과가 작은 것부터 차례대로 이어 보세요.

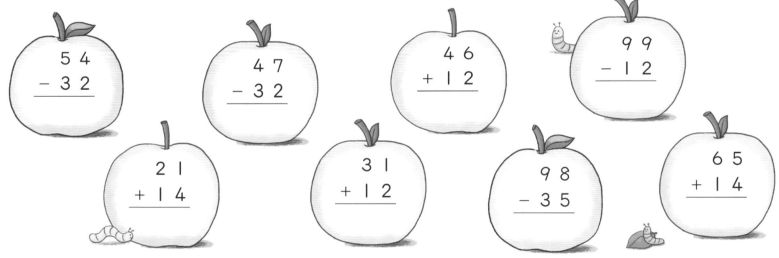

5 4 − 3 2   4 7 − 3 2   4 6 + 1 2   9 9 − 1 2

2 1 + 1 4   3 1 + 1 2   9 8 − 3 5   6 5 + 1 4

4 ○ 안에 >, =, <를 알맞게 써넣으세요.

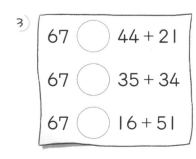
1) 23 + 14 ○ 38
   23 + 15 ○ 38
   23 + 16 ○ 38

2) 86 − 23 ○ 62
   86 − 24 ○ 62
   86 − 25 ○ 62

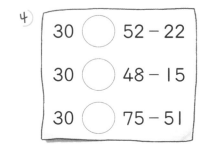
3) 67 ○ 44 + 21
   67 ○ 35 + 34
   67 ○ 16 + 51

4) 30 ○ 52 − 22
   30 ○ 48 − 15
   30 ○ 75 − 51

5 옳은 식에 모두 ☑표 하고, 잘못된 식은 답을 바르게 고쳐 보세요.

1) ☑ 32 + 47 = 79 2) ☐ 57 − 24 = 32 3) ☐ 56 + 13 = 63 4) ☐ 36 − 15 = 21

☐ 76 − 23 = ~~59~~ 53   ☐ 15 + 81 = 96   ☐ 24 − 11 = 35   ☐ 34 + 14 = 28

☐ 67 − 21 = 48   ☐ 36 + 12 = 44   ☐ 82 + 16 = 98   ☐ 43 + 23 = 56

☐ 24 + 53 = 77   ☐ 43 − 32 = 11   ☐ 75 − 34 = 41   ☐ 86 − 41 = 47

6 규칙을 찾아 빈칸에 알맞은 수를 써넣고 물음에 답하세요.

1)
66 + 12 = ____
65 + 13 = ____
64 + ____ = ____
____ + ____ = ____

2)
23 + 35 = ____
23 + 45 = ____
23 + ____ = ____
____ + ____ = ____

3)
57 − 24 = ____
67 − 24 = ____
77 − ____ = ____
____ − ____ = ____

4)
56 − 12 = ____
56 − 13 = ____
56 − ____ = ____
____ − ____ = ____

5) 1) ~ 4) 중에서 친구들이 이야기하는 것을 찾아 ☐ 안에 써 보세요.

첫 번째 수는 항상 같고, 두 번째 수는 10씩 커져요. 그래서 두 수의 합은 10씩 커져요.

첫 번째 수는 1씩 작아지고, 두 번째 수는 1씩 커져요. 그래서 두 수의 합은 항상 같아요.

첫 번째 수는 항상 같고, 두 번째 수는 1씩 커져요. 그래서 두 수의 차는 1씩 작아져요.

7 같은 모양 또는 같은 색에 적힌 두 수의 합과 차를 각각 구해 보세요.

21   64   56
43   22   31

☐ 합____, 차____   합____, 차____

◯ 합____, 차____   합____, 차____

△ 합____, 차____   합____, 차____

덧셈과 뺄셈

1 화살표 방향으로 계산해 보세요.

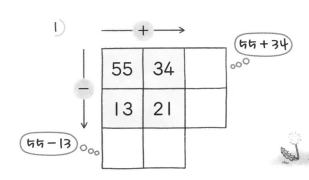

2 이어서 계산해 보세요.

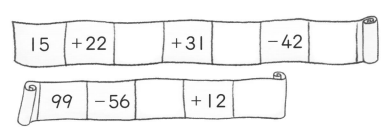

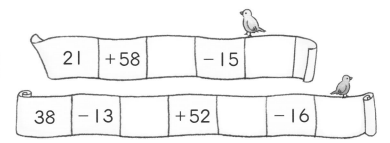

3 빈칸에 알맞은 수를 써넣으세요.

1) 42 →+13 □ →−21 □ →+21 □ →−14 □ →+14 □ →−13 □

2) 78 →−35 □ →+23 □ →−23 □ →−12 □ →+35 □ →+12 □

3) 26 →+42 □ →−34 □ →+34 □ →−16 □ →−42 □ →+16 □

4

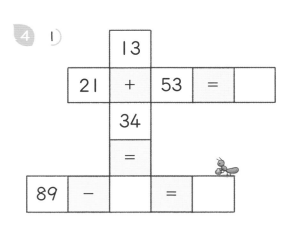

2)
11	+	78	=	
		−		
32	+	45	=	
		=		
98	−		=	

3)
64	−	33	=	
+				
34	+	15	=	
=				
		−	81	=	

5 규칙에 따라 계산해 보세요.

| ♥ 23 큰 수 |
| ♣ 14 작은 수 |
| ◆ 12 큰 수 |
| ♠ 31 작은 수 |

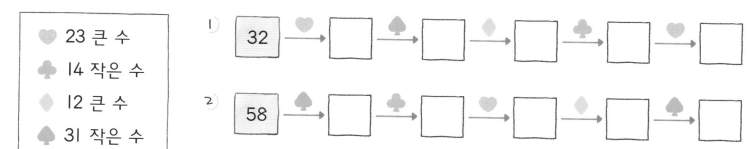

① 32 ♥ ☐ ♠ ☐ ◆ ☐ ♣ ☐ ♥ ☐

② 58 ♠ ☐ ♣ ☐ ♥ ☐ ◆ ☐ ♠ ☐

6 ① 합과 차를 구하고 알맞은 색으로 칠해 보세요.

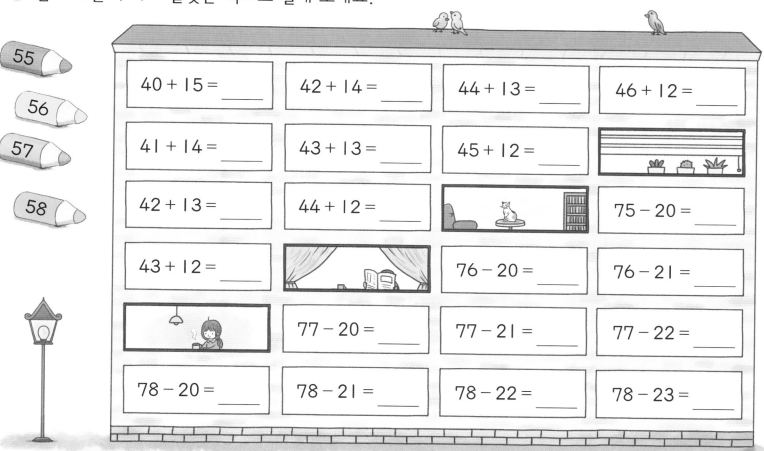

55
56
57
58

40 + 15 = _____   42 + 14 = _____   44 + 13 = _____   46 + 12 = _____

41 + 14 = _____   43 + 13 = _____   45 + 12 = _____

42 + 13 = _____   44 + 12 = _____   75 − 20 = _____

43 + 12 = _____   76 − 20 = _____   76 − 21 = _____

                    77 − 20 = _____   77 − 21 = _____   77 − 22 = _____

78 − 20 = _____   78 − 21 = _____   78 − 22 = _____   78 − 23 = _____

② 합 또는 차가 55, 56, 57, 58이 되는 여러 가지 식을 더 찾아보세요.

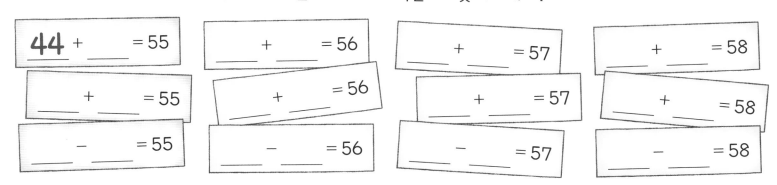

44 + _____ = 55   _____ + _____ = 56   _____ + _____ = 57   _____ + _____ = 58

_____ + _____ = 55   _____ + _____ = 56   _____ + _____ = 57   _____ + _____ = 58

_____ − _____ = 55   _____ − _____ = 56   _____ − _____ = 57   _____ − _____ = 58

식 만들기

1 숫자 카드를 한 번씩 사용하여 옳은 식을 완성해 보세요.

1) 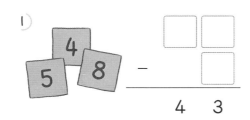 □□ − □ = 4 3

2) 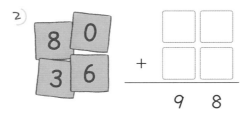 □□ + □□ = 9 8

3) 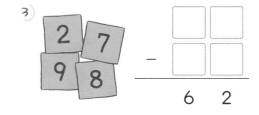 □□ − □□ = 6 2

2 옳은 식이 되도록 빈칸에 +, −를 알맞게 써넣으세요.

1)
35 ◯ 13 = 48
59 ◯ 24 = 35
37 ◯ 12 = 49
67 ◯ 25 = 42

2)
35 ◯ 21 = 78 ◯ 22
67 ◯ 15 = 21 ◯ 31
79 ◯ 45 = 87 ◯ 53
87 ◯ 34 = 21 ◯ 32

3)
49 ◯ 11 = 24 ◯ 14
85 ◯ 12 = 21 ◯ 52
89 ◯ 24 = 98 ◯ 33
94 ◯ 51 = 32 ◯ 11

3 같은 색 구슬은 같은 숫자를 나타내요. ◯ 안에 + 또는 −를 알맞게 써넣어 식을 바르게 완성하고, 각 구슬에 알맞은 숫자를 구해 보세요.

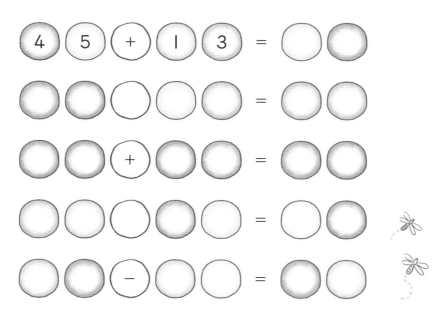

④ 5 ◯ 1 ◯ ◯ 3 ◯ 4 ◯

4 필요 없는 부분을 ×표로 지워서 옳은 식을 만들어 보세요.

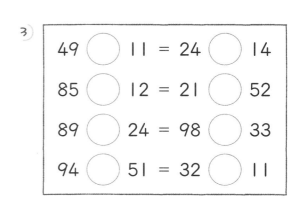

4̶35 + 52 = 87
35+52=87

1) | 482 − 25 = 23 |

2) | 762 + 36 = 98 |

3) | 568 − 37 = 21 |

4) | 34 + 425 = 76 |

82

목표 수 만들기

① 수 카드 4장을 골라 옳은 식을 완성해 보세요.

1)

| 31 | 33 | 15 | 76 | 12 |

$$\square + \square = 45$$

$$\square - \square = 45$$

2)

| 22 | 21 | 46 | 43 | 89 |

$$\square + \square = 67$$

$$\square - \square = 67$$

② 합 또는 차가 ⚫ 안의 수가 되는 두 수를 찾아 ○표 하고 식을 써 보세요.

1)

_____

2)

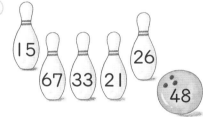

_____

3)

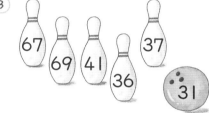

_____

③ 수 카드를 한 번씩 사용하여 식을 모두 완성해 보세요.

| 24 | 57 | 30 | 23 | 39 | 40 | 32 | 11 |

$$\underline{\quad} + \underline{\quad} = 70 \qquad \underline{\quad} - \underline{\quad} = 28 \qquad \underline{\quad} + \underline{\quad} = 47 \qquad \underline{\quad} - \underline{\quad} = 25$$

④ ○ 안의 수가 두 수의 합 또는 차가 되도록 둘씩 짝지어 같은 색으로 칠해 보세요.

1)

 87   32   63   79

61+26=87

| 61 | 49 | 54 | 85 |

| 17 | 22 | 26 | 25 |

2)

56   62   75   82

| 24 | 98 | 87 | 54 |

| 25 | 32 | 21 | 16 |